U0722019

恒　星

自然百科编委会　编著

中国大百科全书出版社

图书在版编目（CIP）数据

恒星 / 自然百科编委会编著. -- 北京 : 中国大百科全书出版社, 2025. 1. --（自然百科）. -- ISBN 978-7-5202-1674-6

Ⅰ. P152-49

中国国家版本馆 CIP 数据核字第 2025ZP3277 号

总 策 划：刘 杭　郭继艳
策划编辑：李秀坤
责任编辑：李秀坤
责任校对：梁嬿曦
责任印制：王亚青
出版发行：中国大百科全书出版社有限公司
地　　址：北京市西城区阜成门北大街 17 号
邮政编码：100037
电　　话：010-88390811
网　　址：http://www.ecph.com.cn
印　　刷：唐山富达印务有限公司
开　　本：710mm×1000mm　1/16
印　　张：10
字　　数：100 千字
版　　次：2025 年 1 月第 1 版
印　　次：2025 年 1 月第 1 次印刷
书　　号：ISBN 978-7-5202-1674-6
定　　价：48.00 元

—— 总　序

这是一套面向大众、根植于《中国大百科全书》第三版（以下简称百科三版）的百科通俗读物。

百科全书是概要记述人类一切门类知识或某一门类知识的完备的工具书。它的主要作用是供人们随时查检需要的知识和事实资料，还具有扩大读者知识视野和帮助人们系统求知的教育作用，常被誉为"没有围墙的大学"。简而言之，它是回答问题的书，是扩展知识的书。

中国大百科全书出版社从 1978 年起，陆续编纂出版了《中国大百科全书》第一版、第二版和第三版。这是我国科学文化建设的一项重要基础性、标志性、创新性工程，是在百年未有之大变局和中华民族伟大复兴全局的大背景下，提升我国文化软实力、提高中华文化国际影响力的一项重要举措，具有重大的现实意义和深远的历史意义。

百科三版的编纂工作经国务院立项，得到国家各有关部门、全国科学文化研究机构、学术团体、高等院校的大力支持，专家、学者 5 万余人参与编纂，代表了各学科最高的专业水平。专家、作者和编辑人员殚精竭虑，按照习近平总书记的要求，努力将百科三版建设成有中国特色、有国际影响力的权威知识宝库。截至 2023 年底，百科三版通过网站（www.zgbk.com）发布了 50 余万个网络版条目，并陆续出版了一批纸质版学科卷百科全书，将中国的百科全书事业推向了一个新的高度。

重文修武，耕读传家，是我们中国人悠久的文化传承。作为出版人，我们以传播科学文化知识为己任，希望通过出版更多优秀的出版物来落实总书记的要求——推动文化繁荣、建设中华民族现代文明，努力建设中国式现代化强国。

为了更好地向大众普及科学文化知识，我们从《中国大百科全书》第三版中选取一些条目，通过"人居环境""科学通识""地球知识""工艺美术""动物百科""植物百科""渔猎文明""交通百科"等主题结集成册，精心策划了这套大众版图书。其中每一个主题包含不同数量的分册，不仅保持条目的科学性、知识性、准确性、严谨性，而且具备趣味性、可读性，语言风格和内容深度上更适合非专业读者，希望读者在领略丰富多彩的各领域知识之时，也能了解到书中展示的科学的知识体系。

衷心希望广大读者喜爱这套丛书，并敬请对书中不足之处给予批评指正！

《中国大百科全书》编辑部

"自然百科"丛书序

在浩瀚的宇宙中，我们人类不过是一粒微尘，然而正是这粒微尘却拥有探索宇宙、理解自然、感悟生命的渴望。"自然百科"丛书旨在成为连接人类与自然万物的桥梁，通过《恒星》《太阳系》《山》《岩石》《矿物》《荒漠》《土壤》《湖》八个分册，带领读者踏上一段从宇宙深处到地球家园的多彩旅程。

《恒星》分册，我们从恒星形成讲起，它们不仅是夜空中闪烁的光点，更是宇宙历史的见证者。人类对恒星的观察和研究，不仅推动了天文学的发展，也让我们对宇宙有了更深的认识。

《太阳系》分册，我们将目光转向我们所在的太阳系，从太阳的炽热核心到遥远的柯伊伯带，探索八大行星的奥秘，以及那些无数的小天体。太阳系的研究，让我们对宇宙有了更深的理解，也让我们意识到在宇宙中，我们并不孤单。

《山》分册，我们回到地球，探索那些巍峨的山峰。它们塑造了地形，影响了气候，孕育了生物多样性。山与人类文明的发展紧密相连，无论是作为屏障还是通道，它们都是人类历史的重要组成部分。

《岩石》分册，我们深入地壳，了解构成地球的基石——岩石。岩石的种类、形成过程及它们在地质学中的作用，都是我们理解地球历史的关键。岩石是地球历史的记录者，它们见证了地球的变迁和生命的演化。

《矿物》分册，我们进一步探索岩石中的宝藏——矿物。矿物不仅是工业的原材料，也是自然界的艺术品。它们的独特性质和美丽形态，激发了人类对自然美的欣赏和对科学探索的热情。

《荒漠》分册，我们转向那些看似荒凉的荒漠。荒漠并非生命的禁区，而是适应极端环境生物的家园。荒漠的研究，让我们认识到地球生命的顽强和多样性，也提醒我们保护环境的重要性。

《土壤》分册，我们深入地球的皮肤——土壤。土壤能不断地供给植物所需的水分和养分，是农业生产的基本资料，是人类生存不可或缺的自然资源。对土壤的研究，让我们认识到土壤健康以及保护土壤的重要性。

《湖》分册，我们聚焦于那些静谧的湖泊。湖泊不仅是水资源的宝库，也是生态系统的重要组成部分。湖泊的研究以及它们对人类社会的影响，是我们理解地球水循环和保护水资源的关键。

"自然百科"丛书不仅是知识的汇集，也是启发思考的源泉。它帮助我们认识到，从宇宙到地球，每一个自然事物都与我们息息相关。通过这些知识，我们可以更好地理解我们所处的世界，更加珍惜和保护我们的自然环境。让我们翻开这些书页，一起探索、学习、感悟，与自然和谐共生。

自然百科丛书编委会

目　录

第**3**章　亮星　79

第 1 章
恒星的形成和演化

◆ 恒星的形成

形成恒星的星云

一般认为，恒星是由低密度的星际物质凝缩而成的。1955 年，苏联天文学家 V.A. 阿姆巴楚米扬提出相反的看法，认为恒星是由高密度的星前物质形成的，但他没有说明形成的过程，大多数天文学家不接受这种看法。

银河系星际物质的密度为 $10^{-24} \sim 10^{-23}$ 克 / 厘米 ^{3} 量级。其化学成分还不能完全确定，一般认为和年轻恒星的成分相同，即氢、氦和其他元素的质量组成的比例约为 0.71 : 0.27 : 0.02，其他元素按所占比例依次为：氧、碳、氮、氖、硅、镁、铁、硫、氩、铝、钙、钠等。星际物质往往凝聚成团块，称作星云。星云可分为两类：第一类，氢已完全电离，它的温度在 10^4 K 左右，称作电离氢云；另一类，氢并未电离，温度约在 100K 以下，称作中性氢云。温度低有利于凝聚，所以凝聚成恒星的星云都是中性氢云。在这类星云中，尘埃所占比重约小于 2%。星云质量可从几十个 $M_\odot$（太阳质量）到一万多个 $M_\odot$，密度比星际物质约高一个量级。

分析表明,若星云的温度在100K左右,密度为$10^{-23}\sim10^{-22}$克/厘米^3,即$10\sim10^2$个氢原子/厘米^3,星云的质量至少需要达到$10^3\sim10^4M_\odot$的量级才能收缩。由观测得知,恒星质量大多在$0.1\sim10M_\odot$范围内,平均密度大多在$10^{-13}\sim10$克/厘米^{3}范围内,如太阳的平均密度为1.41克/厘米^3。所以星云形成恒星,除了凝聚之外,还要经历一个碎裂的过程。各种学说都企图论证这个过程,但还没有一致的看法。不过,从观测得知,存在着质量在$0.5\sim10^4M_\odot$、密度在$10^{-23}\sim10^{-10}$克/厘米^{3}的各种星云,这些星云有不同程度的凝聚现象。因此可以假定,恒星形成的时候,大自然中原存在着质量为$0.5\sim20M_\odot$的球状星云,这种星云具有一般中性氢云的温度$10\sim100$K,并且有足够高的密度(如不小于10^{-19}克/厘米^3)使星云收缩成为恒星。

星云的快收缩过程

从星云凝聚为恒星,半径缩小到约百万分之一,平均密度增加10^{16}倍以上,这是一个快收缩过程,属于动态问题。关于快收缩问题的研究成果不多,分歧较大。一般认为,在收缩过程中,由热运动形成的向外压力远远抵不住向内引力,物质急速内聚,中心密度增高更快。起初星云密度稀薄,物质是透明的,收缩所产生的热量无阻挡地向外散逸。当中心密度达到10^{-13}克/厘米^{3}时,中心部分逐渐变得不透明,热量就不易外逸,致使温度增加。当中心部分温度达到2000K时,氢分子开始成为原子,吸收大量热量,使压力骤降,抵不住引力,因而中心崩陷为体积更小、密度更大的内核。外围形成一股强大的星风,速度达几百千米/秒。对大质量恒星来说,辐射压的向外作用力或许更为重要。这种作用力不仅足以阻止星云外围物质进一步落向中心，而且还会把它们驱散。散逸可能是不对称、不均匀的，因而来自中心的辐射就能穿过那些较稀薄的裂缝而形成一些亮条，这就是赫比格－阿罗天体，即 H-H 天体的情况。全部的星周物质在 $10^4 \sim 10^5$ 年内逐渐消失，恒星才渐渐露出面目，而为人们所见。其亮度自然是逐渐上升的。有人认为，这可能就是猎户座 FU 型变星的情况，这一类型的恒星会在数百天内逐渐变亮，亮度增加 100 倍以上。

星云的慢收缩过程——原恒星阶段

星云快收缩过程的终了，就是慢收缩过程的开始。在慢收缩过程中，星云内每小块物质所受到的向内的引力几乎和向外的压力相等，形成所谓准流体平衡状态。收缩增加内部热量，其中部分热量辐射到星云外部；部分热量使内部，尤其是中心部分的温度上升。等到中心温度升到 700 万摄氏度以上，氢聚变为氦的热核反应所产生的热量足以和向外辐射的热量相当时，星云便不再收缩，达到流体平衡状态，成为一颗正常的恒星，叫主序星。处于从星云过渡到主序星前慢收缩阶段的天体叫原恒星。金牛座 T 型变星、H-H 发射线星可能正是处在这个阶段。

对原恒星的演化研究较多，结果也较明确，而且易于用天文观测来验证。观测恒星可以测到它的亮度和颜色。如果知道距离，还可以求得它的光度，经过转换，从颜色也可求得恒星的表面温度。根据这些资料可以确定恒星在赫罗图的位置。年轻星团的赫罗图可以用来检验原恒星演化程的理论。星团中的许多恒星起源于同一个巨大星云，大致在同一时期形成，具有相近的年龄。质量大的原恒星，光度大，演化快，到达主星序的时间较短；质量小的原恒星，光度小，演化慢，到达主星序需要较长的时间。因此，这年轻星团上段的星已到达主星序，而下段的星还未到达，尚位于主星序的上方。另外两个年轻星团 NGC6530 和猎户座星团的赫罗图也出现相同的情形。

此外，恒星大气中锂的含量的观测结果也有利于原恒星全对流的理论。从光谱观测得到的金牛座 T 型星大气中锂相对于金属丰度的比值约为太阳大气中的 100 倍，与地球和陨石上的比值相当。这是因为金牛座 T 型星处在全对流阶段，中心温度低于 10^6K，还不足以引起锂和质子的核反应。而在太阳内部，它的对流层下部温度高达 3×10^6K，足以发生上述核反应而使锂的丰度下降。

◆ **恒星的演化**

恒星演化的一般理论

不同质量恒星的演化过程是根据恒星内部结构理论推算出来的。这项理论主要是以流体静力平衡和热核反应供给能量为基础的。在流体静力平衡的条件下，一般恒星的中心温度和恒星质量成正比。如太阳的中心温度为 1500 万摄氏度左右，在这样的高温下，能产生热核反应，保证能量来源。A. 爱因斯坦在 20 世纪初提出质量和能量之间的关系，直到 30 年代末，H.A. 贝特和 C.F.von 魏茨泽克才根据核反应的实验数据和热核反应的机理，提出氢聚变为氦的碳氮循环的热核反应来说明恒星的巨大能量来源。40 年代 M. 史瓦西首先把碳氮循环应用到太阳内部结构的计算中，获得太阳内部温度、密度和压力的分布以及氢、氦成分并得出太阳的年龄，从此开始进行主星序上不同质量恒星的结构和演化的计算工作（按现有理论，太阳应以质子－质子反应为主）。

恒星停留在主星序阶段的时间是可以计算的。关于恒星内部结构的理论指出，在恒星中心部分氢聚变为氦的过程中，当氦的质量约占恒星总质量的 12% 时，恒星的结构就发生明显变化，开始离开主星序。另一方面，主星序上的恒星存在一项质光关系，即它的光度和质量的 3.5 次方成正比。因此，大质量恒星的氢的消耗快得多。在很短的时期内，中心部分氦的质量就达到恒星总质量的 12%，因而停留在主星序的时间比小质量星远为短促。所以高光度、大质量的 O、B 型星停留在主星序上只有几百万年、几千万年，而低光度、小质量的 M、K 型星停留在主星序上可以达几千亿年、几万亿年之久。太阳应停留在主星序阶段约 100 亿年，到目前已停留了 50 亿年左右。

在赫罗图上恒星脱离主星序向右演化，因质量不同而经历不同的演化程。$2.5M_\odot$、$5.0M_\odot$ 和 $10M_\odot$ 的恒星的演化程，除了光度不同外，基本上是类似的。上述恒星中心的温度都在 2000 万摄氏度以上，适宜进行碳氮循环的氢聚变为氦的热核反应。这项反应的速率和温度 18 次方（T^{18}）成正比，产能高，因而温度梯度大，使中心部分形成对流核心，将物质搅混。由于热核反应，对流核心的氢含量逐渐减少，对流核外的氢含量保持不变。这种不均匀性的发展，促使恒星的结构逐渐发生变化，恒星的光度和半径逐渐增加。

恒星中心对流核的氢含量消耗到只有 1% ~ 2% 时，由于热核反应的能量供应不足，恒星整体就开始收缩。收缩使温度增高，终于使紧贴对流核心外面的薄层开始氢聚变为氦的热核反应，供给能量。这时外层温度增高，使星体膨胀起来。质量大于 $10M_\odot$ 的恒星向右演化的过程中，中心温度超过 1 亿摄氏度，可以引起三个氦核聚变成碳核的热核反应。质量小于 $10M_\odot$ 的恒星要演变到红巨星顶端、光度最大、中心温度达 1 亿摄氏度时，才能发生这种反应。

质量小于 $1.5M_\odot$ 的恒星在赫罗图上的演化程表现出截然不同的情形。质量小的恒星，中心温度低，密度大，电子成为简并态，足以抵御外部压力，因而中心部分的收缩不像大质量恒星那样厉害。再者，由于中心温度只有一千几百万摄氏度，在氢聚变成氦的热核反应中，质子 - 质子反应取代碳氮循环，成为恒星能量的主要来源。质子 - 质子反应和温度的较低次方（$T^{3.5}$）成正比，所形成的温度梯度较低，不足以产生对流核心。此外，小质量恒星的另一特征是：表面温度低，邻近表面区的不透明度大，温度梯度增大，使对流层厚度往往超过半径的一半。对流层传热快，使恒星光度逐渐增大。这一系列内部结构的变化，表现在恒星的光度和表面温度上。演化到达红巨星支的顶点时，中心温度高过 1 亿摄氏度，三个氦核聚变为碳核的热核反应成为可能，氦突然燃烧，发生"氦闪耀"现象。此时，产生大量热量，温度更加升高，终于使中心部分的电子简并态回到非简并态，然后内部膨胀、吸热，产生"热逃逸"现象，光度骤减，使星点在赫罗图上很快下落，而中心氦核球开始稳定地燃烧。

在赫罗图上大质量恒星向右演变到红巨星之后的演化，和小质量恒星的演化的问题，20 世纪 60 年代以来应用大型电子计算机进行研究，并得到一些很有意义的结果。大体说来，质量大的恒星，如 $5M_\odot$、

$7M_\odot$ 和 $9M_\odot$ 恒星的演化程是从右方（即红巨星）向左移，在离主星序不同距离处，又沿不同演化程回到右方，这样可以来回几次，但并不重复上次的演化程。它们来回移动时跨过赫罗图上主星序和红巨星支之间的一条不稳定区狭带。这条狭带就是造父变星的区域。有意义的是在计算恒星演化中，恒星进入这区域就表现出脉动不稳定性。这样就把恒星内部结构的变化同恒星表面的脉动不稳定性密切联系起来。至于小质量的恒星，像星族Ⅱ的 $1.2M_\odot$ 恒星的演化程，在赫罗图上向左行动，在到达主星序前，又折回向右，绕行一个很扁的水平圈。这水平圈的轨迹对应于由星族Ⅱ恒星所组成的球状星团赫罗图中有特征性的水平支。水平支上的不稳定区域是天琴座 RR 型变星的位置，它的宽度 $\Delta \lg Te$ 约为 0.06。细致的计算表明，不稳定区域蓝边的位置是和恒星的氢氦含量密切相关的，所以把水平支上最蓝变星的性质和不同氢氦含量的理论蓝边作比较，就可以估计出恒星大气中的氦含量。在好几个球状星团中，变星的光变周期 P（单位"天"）的对数 $\lg P$ 为 $-0.60 \sim -0.55$，它们的蓝边温度 Te 的对数约为 3.87，由此导出的氦丰度为 25% 左右。这项从星族Ⅱ恒星演化理论所得的值同从变星的脉动理论、电离氢区的观测以及大爆炸宇宙学方法所得的值（22% ～ 24%）基本上一致。

星团赫罗图和星场赫罗图同演化理论的比较

同一个星团内的恒星离地球的距离可以认为都是相同的，因此它们的亮度差等于它们本身的光度差。此外，还可以认为同一个星团内的恒星差不多都是同时期形成的。小质量的恒星收缩时间长，到达主星序的时间迟；到达后，停留的时间长。所以年轻星团的星，亮星已演化到主星序上，而暗星还未到达主星序，落在主星序的上方。年老的星团，恰恰相反，暗星还停留在主星序上，而主星序上段已找不到亮星，即使找到，也是已弯向右方成为脱离主星序的星了。星团年龄愈老，弯向右方愈甚，刚刚弯离主星序那点的星的光度愈暗。把各种不同年龄星团的未偏离主星序的一段连接成一个完整主星序，其中最年轻的星团 NGC2362 在顶端，最年老的星团 M67 在最下段。根据恒星本身的光度和视亮度可以定出这个星团的距离。由此定出的距离误差不大，这是测定星团距离的重要方法之一。

恒星演化的末态

恒星演化到后期，星体结构愈来愈复杂，变化愈来愈剧烈。随着内部温度的升高，氦、碳、氧等核子先后参与热核反应，这些核子的热核反应属于强作用，不像氢聚变为氦（属于弱作用）那样缓慢进行，而是十分剧烈。这时，平衡态理论不再适用。在恒星演化的不同时期，演变的快慢是非常悬殊的。计算刚刚离开主星序两个相继星型的时间间隔，可以取近亿年，而在红巨星顶端 F 处，必须取时间间隔为 2 秒来进行计算。恒星的末态，即它们的归宿应该是在赫罗图上主星序的左面。从主星序极右方红巨星或红超巨星演变到它们的末态，一般要抛失质量，甚至要像新星、超新星那样大爆发，然后才演变为行星状星云的中心星、白矮星或中子星。由于星型结构复杂，所取参量和处理方法不同，这类动态的演变过程还缺乏统一的推算结果。对于恒星末态，并不是仔细地一步一步地从演化的过程来寻求，而是从高密物质的平衡态来探讨，即假定恒星内部各种核能已经完全耗尽，正在慢慢冷却，然后根据这种情况计算流体平衡条件下的物质分布情况。理论分析表明，在恒星演化末期将出现三类天体：白矮星、中子星和黑洞，具体是哪一类，则视质量而定。质量界限的具体值因所用的物态方程不同而异。

白矮星

恒星在核能耗尽后，如它的质量小于 $1.44M_\odot$ 就将成为白矮星。没有核能后，它靠引力收缩供能。等收缩到原来半径的几十分之一到百分之一时，中心密度已经很高，电子形成简并态。当电子气体的压力足以抵住引力收缩时，便达到新的平衡。这时恒星不再收缩，只靠它的剩余热量发光，这种星称为白矮星。随着它的余热逐渐消失，表面温度逐渐降低，慢慢成为红矮星、黑矮星，就无法观测到了。已观测到并确认为白矮星的恒星只有千余颗。它们的光度很小，不容易观测到，估计它们的数目应相当多，约占恒星总数十分之一左右。

中子星

恒星在核能耗尽之后，如果它的质量在 $1.44 \sim 2M_\odot$ 之间，就会成为中子星。按照平衡态的理论，在形成中子星前，恒星内部是由简并态电子气体和铁核构成的。铁核是经过轻核逐级聚变形成的。随着引力收缩，压力和密度增加，电子的费米能量愈来愈大，终于打进铁核，在其中组成更多中子。等到电子的费米能量超过 25 兆电子伏时，中子就脱离重核的束缚而放射出来，积累成为简并态中子气体。当密度接近核子密度 4×10^{14} 克 / 厘米 ^{3} 时，几乎绝大部分是中子，电子和质子仅占总数的百分之一二。这时简并态中子气体的运动顶住引力的压缩，使恒星不再收缩，就成为稳定态的中子星。

不少天文学家认为中子星的形成是超新星爆发的后果，外部的物质爆炸出去，形成星云状物质，内部坍缩，形成中子星。模拟超新星爆发的理论计算，虽然得到一些结果，认为可以形成中子星，但也有一些结果表明，爆炸力量过于巨大，会使整个星体崩溃，不留内部残骸。这类计算，不确定的因素较多，尚没有肯定的看法。重要的是在 1967 年终于发现了中子星，到 2010 年已发现了 2000 颗以上。

黑洞

恒星在核能耗尽后，如质量超过 $2M_\odot$，则平衡态不再存在，星体将无限制地收缩。虽然还没有密度大于 10^{15} 克/厘米^3 的物质的实验数据，无法推测星体的具体结构，但根据理论可以推断，星体的半径将愈来愈小，密度将愈来愈大，终于达到临界点，这时它的引力之大足以使一切粒子，包括光子，都不能外逸，因而称为"黑洞"。质量为 $2M_\odot$ 的恒星，如形成黑洞，其半径不超过 5.2 千米。也有人提出质量介于 $2 \sim 3.2M_\odot$ 间的恒星有可能成为反常中子星或层子星等。

质量抛失在恒星演化中的作用

恒星抛失质量在演化中起着不可忽视的作用。除了新星、超新星的大量抛失质量外，实际上，恒星在不同程度上也不断在抛失质量。不过，一般而言，恒星在主星序阶段抛失的质量是微不足道的，对演化没有多大影响。但在红巨星阶段，它体积庞大，表面引力较小，对流大气中又有上升的气流，质量易于抛失。从观测获知存在不少质量小于 $1M_\odot$ 的白矮星，就可以证明这点。因为质量小于 $1M_\odot$ 的恒星要经历红巨星阶段而后演化成白矮星，所需时间要比银河系的年龄（约 2×10^{10} 年）还长。

这些白矮星可能是从质量较大的恒星演变成的，也就是说它们原来质量大，因而演化也快，经过质量抛失，最终形成白矮星。

在双星中，质量抛失对恒星演化所起的作用较为明显。天狼、南河三和波江座o2都是双星系统，它们都含有一颗白矮星。经长期研究表明，前两个双星中，光度亮的主星的质量比伴星（白矮星）大，且为主序星。因为俘获另一颗恒星的可能性微不足道，所以双星系统中的两颗星应当是同时形成的。质量大的那颗子星，应该演化快，但实际情况恰相反。可能的解释是伴星原来质量大，演化快，随后抛失了质量逐步演变成为白矮星。

密近双星的两颗星靠得近，它们的相互作用，更会大大影响两星的演化过程。计算表明，质量较大的星若是中心部分氢已枯竭，膨胀成红巨星，其质量会流向质量较小的恒星，演化成质量小于 $0.5M_\odot$ 的白矮星。自1954年发现武仙座DQ新星是双星后，接连发现了好些新星都是双星。假定双星中一个子星是白矮星，它的表面温度高，会吸积伴星流入的氢气，到达一定程度时，就有可能发生热核反应，产生足够的能量，产生爆发而抛掉所吸积的外层物质。然后，又重新吸积伴星的气体，经过同样的过程再次爆发。这是再发新星能够反复爆发的原因，例如蛇夫座RS新星在1898年、1933年和1958年三度爆发，北冕座T在1866年和1946年两度爆发。

◆ 结语

现代天体物理学最大的成就之一就是基本上说明了恒星演化和元素演化两个重要问题。这两个问题关系十分密切。元素的核综合演化是在恒星内部完成的，可以说是恒星演化的动力。恒星的能源供应以引力收缩和热核反应两种方式交替进行。核能的供应是主要的，占90%以上。引力收缩主要是使恒星中心温度增高，随着温度的逐步升高，较重核子发生热核反应，逐级聚变形成更重的核子。恒星演化晚期，中心温度达10^9K时，带走绝大部分能量的是中微子而不是光子，中微子在超新星爆发中起的作用尤其重要。所以宏观的恒星演化过程和微观的原子核反应是息息相关的，也可以说微观的核子反应过程控制着宏观的恒星演化过程。

现代恒星演化学说的成就是巨大的，但由于问题复杂、资料不够完备以及理论过于简单化，还有很多不足之处。对于星云物质的化学成分、尘埃和气体的比例以及尘埃的吸收等数据，了解得不够清楚，甚至缺乏数据。不论星云、原恒星和恒星，它们都有不同的磁场和自转运动，一般说来，磁场和自转都起着抵制收缩的作用。它们和引力效应比较起来，固然处于次要地位，但是却不能忽略不计。值得一提的是近年物理学界提出的太阳的中微子问题。太阳中心部分质子－质子反应所发射的中微子，其观测值低于理论预期值近一个量级，对此还没有令人满意的解释。

赫罗图

赫罗图是用恒星的表面温度（或光谱型或颜色）和光度（或绝对星等）作为坐标轴画出的图，又称赫茨普龙－罗素图。赫罗图代表天文学和天体物理学中对观测的最大综合。它是天体物理学家最有用的关系图和非常有价值的判断恒星的工具。一颗恒星在赫罗图中的位置决定于它的质量和年龄，赫罗图以绝妙的方式找到了恒星演化的规律，既提供了对恒星演化理论一个最严格的检验，又提供了研究银河系整体历史的一个最有力的工具。赫罗图的原始形式是绝对仿视星等与光谱型的关系曲线，现在更常用的是它的变体，用一个连续的坐标代替不连续的光谱型。观测上，最有用的形式是颜色－星等图（CM）图，它是一个颜色与星等的关系曲线。

赫罗图是丹麦天文学家 E. 赫茨普龙和美国天文学家 H.N. 罗素创制的。赫茨普龙在 1905 年和 1907 年的论文中指出，一般蓝星是亮的，而红星却有亮、暗两种。他把亮星称为巨星，把暗星称为矮星。1911 年，他测定了几个银河星团（如昂星团、毕星团）中的恒星的光度和颜色，并将这二者作为纵坐标和横坐标。结果表明，这些星点大都落在一条连续带上，其余的星（巨星）则形成小群。罗素研究了恒星的光度和光谱，画出一系列表明恒星光度和光谱型之间的关系图，于 1914 年在《自然》上发表。经过对比，发现颜色等价于光谱型或表面温度。他们两人的图所表示的是同一回事。因此，后来将这类光度－表面温度（光谱型或颜色）图称为赫茨普龙－罗素图，简称赫罗图。

赫罗图的根本特征是建立了恒星的颜色与亮度的关系。赫罗图中亮度由下向上（纵坐标）量度，温度在左右方向（横坐标）量度，并规定较冷的星偏向右方。这样选择温度量度方向与光谱型 O、B、A、F、G、K、M 分类序列对应。赫罗图右下角的恒星是暗弱的红色冷星，左上角的恒星是明亮的蓝白色热星（温度高于 25000K）。大多数恒星落在左上角到右下角的带内，该带称主序，它对应像太阳那样通过将中心区的氢核合成为氦核释放能量的一切恒星。宽波段 UBV 测光系统测定暗星的颜色，比用光谱方法容易，所以后来逐渐用色指数代替光谱型作为赫罗图的横坐标。色指数可转换成表面温度。观测得到的视星等，经过距离改正后成为绝对星等，可再转换为光度。有了星的表面温度和光度，理论工作者便可计算恒星的内部结构，也就是建立所谓恒星模型。随着时间的推移，恒星的内部结构逐渐演变，并在它的光度和表面温度（简称温度）上表现出来，这样恒星在赫罗图上的位置便沿一定路径移动，描出"演化程"。因此，赫罗图不仅能给各类型恒星以特定的位置，而且能显示出它们各自的演化程，成为研究恒星必不可少的重要手段之一。

赫罗图中的恒星不是平均分布，而是形成一定的序列的。因为光度和表面温度之间存在着内在的关系：如果压力、不透明度和产能率只是温度、密度和化学成分的函数，则恒星的结构由它的质量和化学成分决定；如果化学成分给定，则每一恒星质量便对应着一定的光度和温度值。因而只要在某一质量范围内存在光度和温度的关系，赫罗图上就会出现相应的序列。同样质量范围内的恒星，在赫罗图上出现在不同的序列，必然是由化学成分不同引起的；而化学成分的不同可以是原始化学成分的不同，也可以是恒星处在不同的演化阶段。因此，赫罗图中的一些序列，可用来研究恒星的形成和演化。例如，对于太阳附近 6700 颗恒星的赫罗图，图中有两个密集序列，一个从左上向右下，称为主星序，又称矮星序；另一个是相当密集的一群星，接近右上角，差不多呈水平走向，称为巨星序。此外，还有不少星分散在图的上部，称为超巨星序。

主星序下面是亚矮星序。图的底部有一特殊分支，称为白矮星序。巨星序和矮星序并不相接，中间留有相当明显的空隙，称为赫氏空区，只有为数很少的恒星落在空区以内。赫罗图中的图形受到不少测量误差的影响。恒星的质量差别不大，大多数恒星的质量在太阳质量 0.1～10 倍范围内。恒星化学成分的差别也不大，按质量计大致氢占 71%，氦占 27%，其他重元素占 2%。所以，取决于质量和化学成分的恒星结构在

赫罗图中呈现出明显的规律性。恒星密集的区域代表它们演化缓慢的阶段，主星序是演化最慢的阶段，大致占恒星寿命的 90%。为了免受恒星化学成分不同和年龄不同这两个因素的影响，可举星团的赫罗图来说明。

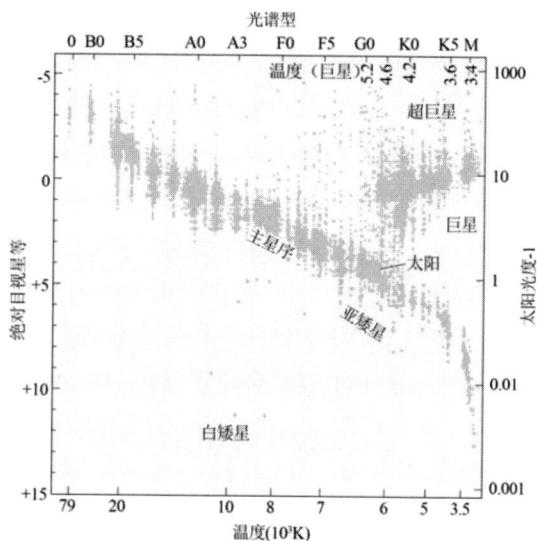

亮于 8.5 照相视星等的 6700 颗恒星的赫罗图

把质量不同但年龄相同的许多恒星画在赫罗图上，图的形状便与年龄有关。这一点在球状星团的赫罗图上表现得很明显，因为一个球状星团中的全部恒星确实是在一个巨大气体云坍缩时一起形成的。主序左上端的最亮恒星最先消耗完燃料，因为它们每秒钟需要很多能量以求避免最终的引力坍缩，所以它们最先离开主序朝红巨星支移动。用同一星团在不同年龄画赫罗图，则随着星团年龄增大，主序将从上往下缩短，这

些赫罗图的主序从右下角向上仅仅延伸一段后即折向右边。折向点的准确位置取决于星团的年龄，由此定出的年龄是银河系最年老恒星的最可靠的年龄测定之一。赫罗图也能用来测定星团的距离，因为恒星在主序上的位置和它们的绝对星等有关，星团离我们越远，它的恒星发来的光显得越弱，它的主序就越是靠近赫罗图的下部。利用这一点，天文学家得以找出恒星视星等的校准值，使之正好与标准主序相符，并从这个校准值导出星团的距离。

主序星

主序星是位于赫罗图主序带上的恒星。银河系中，大多数恒星在赫罗图上密集于由左上方（高温、强光度）至右下方（低温、弱光度），沿稍微弯曲的对角线的狭窄带区内，形成一个明显的序列，这个序列叫作主星序。包括观测到的90%的恒星。"主序"一词是用来表示处于稳定状态的恒星，此时恒星气体的压力与引力相平衡。恒星在主序上度过它寿命90%的时间，直到内部氢聚变为氦的热核反应停止。主序星由引力和压力两种力所制约，凡内部核心区氢聚变为氦的恒星都落在赫罗图的主序星上。质量比较大的恒星因为引力的作用比较大，需要有较多的核反应释放较多的能量，提供较大的向外压力，维持住稳定的结构。因此，赫罗图里主序列带上的恒星都是处于这种稳定的阶段。按照质量大小排列，质量越大的越在左上方高亮度的地方。恒星在形成之后就依据其质量出现在主序列带上的某个位置，然后缓慢变化，在主序列带上度过主要的生命期。质量为 M、光度为 L 的主序星的寿命 T 为：$T=M/L$。另外，由主序星的质量 – 光度关系 $L/L_{\odot}\approx(M/M_{\odot})^{3.5}$，可得主序星的寿命 $T=M/L=(M/M_{\odot})^{-2.5}$。这说明恒星的质量大则寿命短，质量小则寿命长。计算结果表明，当恒星中氢的总质量的约 1/10 被转换成氦，它将迅速离开主序。在量级上，$T_{ms} \sim (M/M_{\odot})(L/L_{\odot})^{-1}10^{10}$ 年。

主序星因其光度比巨星和亚巨星小，所以又叫矮星。在 MK 二元光谱分类中的光度级符号为罗马字 V。主序星的光谱范围很广，从 O 型到 M 型。太阳是 G2 型的主序星。主序星的光度随着表面温度的增高而增大。质量从百分之几到约 60 倍太阳质量，光度从约 10^{-3} 到大于 10^{5} 倍太阳光度，半径从比太阳小一个数量级到太阳的 20 倍左右。恒星到达主序的时间称为时间零点，建立恒星模型时关键的一步就从此时开始。"零龄主序"指的是在赫罗图上描述满足下列条件星的集合的那些点所构成的轨迹。这些条件是：它们都有完全相同或非常相近的化学组成，都处于流体静力学和热力学平衡，能量只来源于核内的氢聚变为氦的热核反应。

主序星的性质可通过恒星内部发生的物理过程加以理解。首先是流体静力学平衡，该过程决定恒星内部压力梯度与引力相平衡时的密度结构。另一方法可把恒星想象成套在一起的许多球形壳层，每一壳层受到它内部物质的引力的内拉，气体的压力和辐射的外推，两种力相平衡。主序星非常稳定，以稳定的速率向外辐射能量。太阳是正处在主序上的中年恒星。主序星的能量来源于核内氢聚变为氦的热核反应。一颗恒星出现在主星序上，是它的核心开始氢聚变为氦。它在主星序上大约用完

12% 的氢便离开主星序，恒星在这个阶段停留的时间最长，占其寿命的 90%（对于一个质量与 $M_\odot$ 差不多的星寿命为 100 多亿年）。观测到的主序上限是 $60M_\odot$，质量再大的星则不稳定，会驱动脉动；计算的主序下限是 $0.085M_\odot$，低于这个质量则成为不产生核反应的黑矮星；若它们不燃烧氢，可能燃烧氘和锂等轻元素，它们被称为褐矮星。主序上第二个重要的质量是 $M_{对流}\approx1.1M_\odot$。质量大于 $M_{对流}$ 的恒星有对流层，而小于 $M_{对流}$ 的恒星其核心只有辐射。大质量星的核心是对流的。恒星的质量决定了它们离开主序后的演化走向：①类似太阳的恒星，核心氦燃烧为碳，壳层氢燃烧为氦，变为红巨星；②质量比太阳小的恒星坍缩为白矮星；③比太阳质量大几倍的星，如 $5M_\odot$，它们以另外的方式离开主序，发展为红超巨星，最后发生超新星爆发，外层抛向星际空间，内部形成中子星，表现为脉冲星；④更大质量的星发展为黑洞。

蓝离散星

蓝离散星是球状星团和各种年龄的疏散星团中常见的，位于星团赫罗图的主序"折向点"蓝边，比它周围同样光度的恒星更热和更亮的恒星。1953 年，美国天文学家 A.R. 桑德奇在球状星团 M3 中发现了蓝离散星。球状星团是宇宙中最老的天体，年龄在 100 亿年以上，其中充满了老的、冷的和小质量的恒星，而那些热的和大质量的恒星因演化迅速已死去。但在一些球状星团中却还存在少数热的年轻恒星。星团赫罗图的曲线上蓝离散星与其他恒星很易分开，因为所有的恒星是同时诞生且位于一定的星团赫罗图的曲线上的位置，这些位置仅由初始质量决定。蓝离散星经历了反常的演化过程，它们对标准恒星演化理论提出了挑战。1995 年，天文学家通过哈勃空间望远镜第一次在距离为 15000 光年的球状星团杜鹃座 47 中发现蓝离散星并证实这颗蓝离散星是由两颗小质量的恒星碰撞或并合形成的大质量恒星。通过哈勃空间望远镜的弱天体摄谱仪分析蓝离散星的光谱，测得它的质量约为 1.7 太阳质量，旋转相当迅速，比太阳快约 75 倍。这是非常重要的结果，因为它有助于解决关于蓝离散星的形成和演化理论的争论。

后来通过哈勃空间望远镜观测了一批球状星团，发现每个球状星团中包含 40 ~ 400 颗蓝离散星。认为蓝离散星或是在球状星团拥挤的核心处由两颗恒星碰撞形成，或是由一个双星系统的两颗子星一起旋转时并合在一起形成。如果双星是密近双星，通过物质交流，由于内部物质混合，延长了主序星的寿命，故它们滞留在"折向点"蓝边。

球状星团是一个巨大的系统，百万颗星拥挤在直径为 20 光年的球体内，很易发生恒星碰撞或与邻近的星发生动力学相互作用，这些过程形成各种天体融合，诸如 X 射线双星、毫秒脉冲星、蓝离散星和其他特性的天体。

超巨星

超巨星是绝对目视星等亮于 -2 等，在赫罗图上位于最上方，在恒星光谱的 MK 二元分类中用罗马数字 I 表示。是光度最强的恒星。肉眼所见的最亮的蓝（热）超巨星是参宿七和天津四；最亮的红（冷）超巨星是参宿四和心宿二。超巨星的质量一般是 5～300 太阳质量。由于光谱型相同的恒星其表面温度也相同，因而单位表面积的辐射能率也必相同。超巨星的光度很大，说明其表面积显然比光谱型相同的非超巨星大。例如食双星仙王座 VV 中的红超巨星，其半径大约为太阳半径的 1600 倍，目视波段的光度为太阳的 3000 多倍，而蓝超巨星天鹅座 α（绝对星等 M_v=-8.4）的可见光波段的光度为太阳的 85000 倍左右。已测到一些蓝超巨星、黄超巨星和红超巨星的射电辐射，这对于研究其大气结构和活动、星周物质、星风和质量损失等问题十分重要。高能天文台 2 号卫星已测得猎户座 ε、κ 等星的 X 射线，这和它们的星冕、星风等有关。超巨星明显地集中在银道面和旋臂附近。它们的动力学特性与银河系中的气体物质相似。60% 的超巨星属于 O、B 星协或银河星团。超巨星的年龄和演化问题是十分重要的研究课题，争论较多。

巨 星

在赫罗图上，巨星的横向分布从 O 型到 M 型，纵向分布介于主星序和超巨星分支之间。巨星是恒星光谱分类中光度级为Ⅲ的恒星。巨星最初的概念是比相同光谱型的矮星光度强得多、比超巨星光度弱得多的恒星。后来引申为：在一定的表面（有效）温度范围内，巨星的体积比矮星体积大，光谱晚型巨星尤其如此；但早型巨星与同谱型矮星相比，光度和半径都相差不多。著名的巨星有大角、昂宿六、五车二（双巨星）

等。许多变星和双星的子星都是巨星。按照现代流行的理论，随着主序星中心区的氢愈来愈多地聚变为氦，这些星将离开主星序，向表面温度较低、光度较强的红巨星阶段演化。

光度级为Ⅱ的恒星称为亮巨星。亮巨星在赫罗图上的分布区介于超巨星和巨星之间。对于具有一定表面有效温度的亮巨星来说，它们的光度比巨星强而比超巨星弱。著名的亮巨星有猎户座 δ、渐台二的亮子星、天蝎座 19、狮子座 ε、御夫座 ι、南十字座 γ 等。

亚巨星

亚巨星位于赫罗图上主星序的右上方，介于巨星序和主星序之间。在恒星光谱的 MK 二元分类中，亚巨星的光度级为Ⅳ级。现代恒星演化理论认为，亚巨星是由主序星演化而来的。主序星在中心氢核燃烧的末期，中心核收缩，恒星半径和光度缓慢增加，恒星离开主星序而向巨星演化。亚巨星就处于这种演化的最初阶段。有些密近双星的子星是亚巨星，如著名的半相接双星大陵五，就包含一个主序星和一个半径充满临界等位面的亚巨星。因此对亚巨星的研究在密近双星的研究领域中占有重要的地位。

红巨星

红巨星是恒星光谱分类中光度级为Ⅲ、光谱型为 K 或更晚的巨星（也有人把光谱型为 F 和更晚型的巨星称为红巨星）。肉眼所见的红巨星中最亮的是大角（光谱分类为 K2 Ⅲ p），离地球最近的是北河三（K0 Ⅲ b 或 K0 Ⅲ）和大角。现代恒星演化理论认为，主星序中的很大一段恒星在其中心氢聚变为氦的核反应完毕后，都要向赫罗图上的红巨星区演化。它们的演化途程范围在图上形成一个漏斗状区域，称为漏斗效应。恒星从主星序向红巨星的演化同质量损失和角动量损失可能有很大关系。按一般理论，红巨星应有很厚的对流包层。一般认为，不少恒星在红巨星阶段大概要失去外层物质（这种物质可能形成行星状星云），然后成为白矮星。看来红巨星是大多数恒星要经过的重要演化阶段，但要明确红巨星前后的演化过程，还需要解决许多实测问题和理论问题。

太阳已经耗掉了中心区原有氢含量的三分之一左右，将来它结束中心区氢聚变为氦的阶段后，也会演化为红巨星。虽然毕宿五（光谱分类为 K5 Ⅲ）和大角都是红巨星，但前者的大气化学组成类似太阳，属于星族 Ⅰ，后者按大气化学组成和某些其他特征则属于星族 Ⅱ，这两颗星的演化史看来有重大的差异。红巨星鲸鱼座 o（光谱分类为 M5e Ⅲ～ M9e Ⅲ）是有名的变星，是长周期变星的典型星。它同一颗蓝色低光度变星鲸鱼座 VZ 组成目视物理双星。以鲸鱼座 o 为代表的长周期变星中有不少已测得来自分子微波激射源的射电谱线辐射。密近双星中也有红巨星，例如食双星巨蟹座 RZ 包含光谱分类为 K2 Ⅲ和 K4 Ⅲ的一对红巨星，轨道周期约 21.64 天；又如再发新星北冕座 T 是轨道周期为 227.5 天的分光双星，包含一颗 M 型红巨星和一颗蓝星。很多银河星团和球状星团都包含有红巨星。年轻的银河星团如昴星团中没有红巨星。年老的银河星团中有的可以找到红巨星。球状星团中普遍有红巨星，许多球状星团中最亮的星就是红巨星。在有的河外星系中也已经发现红巨星。研究星团和星系中红巨星的化学组成、物理参量和运动特征等对于认识所在星团和星系以及不同星族恒星的特性和演化非常重要。

樱井星

樱井星是从行星状星云到白矮星演化阶段，爆发延迟热脉动而重新演化到渐进巨星支的恒星。位于人马座的变星，是一颗"慢速新星"，又称人马座 V4334（V4334 Sgr）。樱井星 1996 年被日本业余天文学家樱井幸雄发现，随后天文学家确认为一颗富氢的恒星，并处于行星状星云中。樱井星也被称为再生恒星，它从接近白矮星的阶段突然爆发到渐进巨星支的阶段仅仅用了几年的时间。小质量恒星在脉动渐进巨星支阶段由于星风而大量损失物质，恒星逐渐向高温端移动，外包层不断收缩，在赫罗图上表现为一条从低温到高温的近水平直线。恒星所产生的紫外辐射将激发和电离抛射物质，产生行星状星云。随着演化进行，当恒星的富氢包层质量低于 10^{-5} 太阳质量时，壳层氢由于温度过低而熄灭，恒星进入白矮星阶段。在恒星经历行星状星云到进入白矮星演化之间，部分恒星会进行最后一次氢壳层的热脉冲燃烧，称为"延迟热脉动"。延迟热脉动将驱动恒星再次回到渐进巨星支，形成樱井星。由于此时氢壳层非常薄，热脉冲燃烧所引发的对流会将表面氢完全混入到氦层之中，使得恒星表现为富氦的表面。由于热脉冲燃烧所产生的高温以及表面物质的混入，恒星表面将发生短暂的核反应过程，观测表明在数月时间内锂元素以及部分慢中子俘获过程元素都有不同程度的增加。

矮　星

矮星是恒星光谱分类中光度级为 V 的星，即等同于主序星。光谱型为 O、B、A 的矮星称为蓝矮星（如织女一、天狼），光谱型为 F、G 的矮星称为黄矮星（如太阳），光谱型为 K 及更晚的矮星称为红矮星（如南门二乙星）。但白矮星、亚矮星、"黑矮星"则另有所指，并非矮星。物质处在简并态的一类弱光度恒星"简并矮星"也不属矮星之列。"黑矮星"则是理论上估计存在的天体，指质量大致为一个太阳质量或更小的恒星最终演化而成的天体，它处于冷简并态，不再发出辐射能；也有专指质量不够大（小于约 0.08 太阳质量）、已没有核反应能源的星体。

亚矮星

亚矮星位于赫罗图中主星序（也称作矮星序）的下面，光度级为Ⅵ。是比主序星稍暗的一类恒星。20 世纪 30 年代，美国天文学家 W.S. 亚当斯进行恒星光谱分析时，发现了几颗金属线很弱的恒星。他根据金属线的强度，证认为 A 型星，但因其绝对星等比通常的 A 型星暗几个星等，因此称为亚矮星。与同类光谱型的主序星相比，亚矮星的半径小一些，因此光度也暗一些。亚矮星在赫罗图中构成一个单独的序列，叫作亚矮星序。亚矮星的化学成分与主序星颇为不同，一般说来金属含量很低，只相当于普通恒星的 1% 左右，因此可以称为贫金属星。亚当斯发现的几颗 A 型亚矮星，有效温度实际上与 G 型星近似，只是由于金属含量低才被证认为 A 型星。一般认为，处于主序星和白矮星之间的 O 型和 B 型亚矮星，属于恒星的演化晚期，正在向白矮星过渡。亚矮星主要属于中介星族Ⅱ。

白矮星

白矮星是中等质量恒星的终点星。银河系中到处都能见到。这类星表面温度高、体积小、密度大，内部已停止核反应，仅靠残留的热发光。因个小且发白光而得名。估计占恒星总数的 10%（约 100 亿颗）。光度非常低，只有最靠近地球的才能被探测到。白矮星提供给了地面实验室不能达到的物理条件。影响白矮星的物理过程已研究成熟，它们的演化可作为冷却过程处理，耗尽内部的热能需很长的时间（100 亿年）。白矮星已成为除传统恒星外许多研究领域的重要工具：由确定太阳周围恒星的年龄到疏散星团的纪年和球状星团距离的确定，它们是暗晕的恒星成分和Ⅰa 型超新星的前身星等。

◆ **发现**

白矮星首次在天文学里出现是 1834 年，那时 F.W. 贝塞尔正在对天空中最亮的恒星——天狼星的自行进行仔细研究。这颗星除了绕银河系中心缓慢运动外，还有一个微小的周期性扰动。这表明它属于一个双星系统，伴星的质量与太阳相似。这样质量的恒星在这个距离上应该是看得见的，但却没有看到。这颗星被定名为天狼 B 星，30 年后被 A. 克拉克发现。它的光度比天狼星弱，是天狼星的万分之一，表面温度似乎就应该很低。1920 年，W.S. 亚当斯拍摄了它的光谱，发现它很白（表明温度在 8000K 以上），但决定恒星光度的因素不仅是温度，还有尺度，最可能的解释就是它的半径极小，跟地球差不多。因此，它的密度非常高，比太阳密度大百万倍。白矮星巨大的自引力的支撑来源于电子简并压（粒子的量子力学行为，电子的量子统计结果）。电子是费米子遵从泡利不相容原理。对于自由电子，它们的量子力学态参数受不确定度关系的限制。这两个原理认为：即使在温度绝对零度自由电子气体也会有压力，这个压力称为电子简并压。电子气体在绝对零度时没有热运动，但有上述量子力学效应引起的运动。特别是在高密度相邻两个电子之间间隔 Δx 非常小的情况下，这两个电子的动量 p 至少有差值 $h/\Delta x$，否则会违反泡利不相容原理（这里忽略了由电子反平行的量子力学自旋态引起的因子）。假如 Δx 很小，相应地 Δpx

天狼星和其伴星——最早发现的白矮星
（右上角小亮点）

必然很大。因此，压缩到高密度的电子气体，一般互相间有很高的随机速度 $v=p/m_e$。这个随机运动速度能够引起比热压力高得多的简并压力。这就是白矮星支撑它本身巨大自引力的电子简并压。

◆ **半径和质量的关系**

白矮星的质量越大（直到 $1.4M_\odot$ 的上限），半径就越小。因为引力有利于简并物质的收缩和压紧。白矮星内原子结构被破坏，电子脱离原子核的束缚，自由地在"简并海"中运动。白矮星的物理结构主要决定于"电子海"的情况，而热结构则决定于原子核的运动。由于简并电子是热的优良导体，整个白矮星内部就像一块炽热的金属。新形成的白矮星内部温度达到 10^9K，老的白矮星则降到几百万 K。虽然温度如此之高，热能仍远小于电子的静质量能量。这表明温度对保持白矮星平衡的作用是微不足道的。尽管白矮星的温度比太阳还高，但仍可正确地把它作为绝对零度来处理。白矮星的内部是由一个厚度为几千米的薄层来保护的，这个薄层很不透明，是由高度绝缘的温度低于 10^5K 的非简并物质组成。这个温度虽比太阳表面高 10 多倍，由于发射面积很小，总光度也就很低。白矮星因此就成了很难在远距离上探测到的暗弱天体。白矮星已经耗尽了它所有的核燃料，但它之所以会发光，是因为它有非零的内部温度。它是恒星激烈燃烧后的遗迹，类似于正在冷却的余烬。当它们发射并最终到黑矮星时，光辐射是非常微弱的。白矮星损失它的能量会继而变冷，最后与周围冰冷的宇宙达到真正的热力学平衡。这个过程中离子间的电力最后将超过离子的热运动。这些离子最后形成一个晶格，这时的白矮星是固化的白矮星。电子可通过这些晶体，呈简并性地飞快运动。由此，一个固化了的白矮星在许多方面类似于地球上的金属。以白矮星为终结的恒星能静静地"安息"在宇宙之中。

◆ **光谱分类**

白矮星的绝对目视星等在 8 ～ 16 等范围内，有效温度大都介于 5500 ～ 40000K，大多数呈白色，少数呈黄色甚至红色。全世界合作对两千多颗白矮星进行了光谱观测和证认，并编成星表。在恒星光谱分类中用谱型前加字母 D 表示，并细分为许多次型，如：DA 为仅有氢的巴耳末线，无中性氦和金属线；DB 为有中性氦线，无氢线和金属线；DC 为连续谱，谱线的深度小于 5%；DO 为电离氦线强，氢和中性氦线亦存在；DZ 为仅有金属线，无氢线和氦线存在；DQ 为存在碳线；P 为具有可测偏振的磁白矮星。

◆ **性质和演化**

白矮星的磁场高达 $10^5 \sim 10^7$ 高斯，有 3% 的白矮星磁场强度高达 10^9 高斯。白矮星可用经典分光方法直接观测它的表面和恒星大气，从而给出可靠的有效温度、表面重力和元素丰度，并推算出质量、半径和年龄等基本参数，由此可理解白矮星的性质和演化。太阳周围最老的白矮星是银盘上最老的天体，由此可知银盘上恒星的形成和开始。空间望远镜（HST）对球状星团 M4 进行了观测，发现 75 颗白矮星，推断 M4 中有 40000 颗白矮星。1999 年 10 月 28 日钱德拉 X 射线天文台对天狼星拍摄了照片，在 X 射线波段天狼星 B 亮、天狼星 A 暗。天狼星 B 表面温度为 25000K，半径为地球半径的 90%，表面重力是地球表面的

400000 倍。白矮星同新星和矮新星有密切的关系：许多新星和矮新星是双星，其中一个子星就是白矮星。这些新星和矮新星有一分钟到数十分钟的光度变化和 X 射线辐射，这可能同白矮星子星的脉动和物质吸积有关。白矮星具有很强的表面引力，很早就观测到了谱线的引力红移，为验证广义相对论提供了实测的数据。

褐矮星

褐矮星由星际气体云的引力坍缩而形成，但没有足够质量在其核心部位引发氢聚变为氦，又称未成功的恒星。

仅当恒星质量小于太阳质量的 8% 才有可能〔氢燃烧的临界质量约为 $84M_J$（M_J 为木星质量）〕形成褐矮星。通过引力能转变为热，这样的恒星能微弱地发光 1 亿年左右。褐矮星继续发射红光和红外光是早期氘核和锂合成时剩余的热。褐矮星的温度范围是 700 ～ 2300K。全部褐矮星都随时间推移而冷却，质量大的比质量小的冷却得慢。1995 年 11 月30 日《自然》公布发现褐矮星 GL229B，为双星，光谱型为 M Ⅳ，位于天兔座，距地球 19 光年。褐矮星的发现是 20 世纪末恒星天体物理学的重大进展之一，因为它是恒星和行星间隙之间的桥梁，为恒星和行星的形成和演化的研究注入崭新的观点，恒星和褐矮星似乎以同样方式形成。

观测和研究褐矮星的突出成就是：① 1995 年用凯克望远镜观测到围绕近太阳恒星的褐矮星，星名为褐矮星 G122B，位于天箭座，主星和伴星的相隔距离相当于太阳和天王星的距离，质量为 55 ～ $78M_J$。

②哈勃空间望远镜已完成了对位于英仙座的星团 IC348 进行的亮度和温度红外观测。因为星团年轻，褐矮星比较亮，所以共测出了 30 颗褐矮星，观测中最艰难的一步是从背景星中摘出褐矮星。③钱德拉 X 射线天文台捕捉到褐矮星的耀斑，尺寸相当于太阳的小耀斑，这意味着极小质量的恒星会发生爆发且存在磁场。④在昴星团中推算了褐矮星温度为 2300K。因为昴星团年轻，仅有 1 亿年，所以是发现褐矮星最好的场所，已发现 4 颗。⑤ 2014 年 4 月 25 日，发现了已知最冷的褐矮星 WISE 0855-0714。它离我们有 7.2 光年（距太阳最近的第七系统），温度在 -48 ～ -13℃。

对褐矮星现已进行了光谱分类并编制了褐矮星星表。褐矮星分为两类：L 型（分为 L0 ～ L8），温度为 1500 ～ 2100K，光谱线为氢化物；T 型，温度 800 ～ 1000K，光谱是甲烷和水的吸收线。褐矮星星表中列出了近百颗星的坐标、光谱型、Hα 线的等值宽度等参数。

红矮星

红矮星在赫罗图上居于主序的低质量尾部。它的表面有效温度在 2200 ～ 4000K。质量介于褐矮星和小质量恒星之间，即太阳质量的 0.07 ～ 0.6 倍。它的直径在太阳直径的 0.1 ～ 0.6 倍。观测表明银河系以及其他星系中大多数的恒星都是红矮星。

◆ 特点和性质

红矮星的名称最早出现于 1915 年，用来泛指温度相对较低的红色主序恒星。对红矮星观测和物理参量还没有确切的界定。红矮星确定的主要依据是与表面温度相关的颜色。恒星的温度或颜色主要取决于其质量，另外也受其金属丰度的影响。与同质量的红矮星相比较，金属丰度更低的红亚矮星的颜色偏蓝，或者说表面温度偏高。红矮星的范围与甚小质量恒星近似。因为恒星质量的直接测量非常困难，所以甚小质量恒星也没有确切的质量边界，大体指质量小于 0.5 ～ 0.6 倍太阳质量的恒星。虽然我们对红矮星的温度、光谱型和质量的下限没有确切的界定，但是原则上应该到最小质量的恒星为止。因为我们通常把质量低于最小质量恒星的亚恒星天体称为褐矮星。红矮星与褐矮星之间的质量边界与金属丰度相关，所以它们在不同金属丰度下质量范围有少许重叠。所以大质量的贫金属褐矮星会比最小质量富金属红矮星的质量稍大。绝大多数的红矮星具有 M 型光谱型。晚型 K 型矮星一般也被称为红矮星。具有早型 L 型光谱型的最小质量恒星也属于红矮星。红矮星和褐矮星的温度与大气及它们金属丰度和年龄相关，所以在不同金属丰度和年龄下它们的光谱型范围也有重叠。例如年轻的大质量褐矮星具有晚型 M 型光谱型。

红矮星的光度和表面温度低，其能量辐射峰值分布在红光和近红外波段。质量小于约 0.35 倍太阳质量的红矮星内部是全对流的。其中心区氢核聚变反应产生的氦不断与外部的物质发生混合。质量越小的红矮星，其核反应速率越低，寿命也越长，且寿命远远超过宇宙的年龄。理论计算显示质量大于约 0.25 太阳质量的红矮星可以演化到红巨星阶段，但是需要远大于宇宙年龄的时间。质量为 0.25 ～ 0.08 太阳质量的红矮星经过 1 ~ 12 兆年的演化后，会变成蓝矮星并最终变成白矮星。

　　红矮星的核反应速率低，较好地保留了其形成初期的化学组成。所以红矮星，特别是贫金属的红亚矮星，可以被用来研究银河系的化学演化史。斯隆数字巡天（SDSS）和郭守敬望远镜（LAMOST）等光谱巡天促进了红矮星以及红亚矮星的观测研究。规划中的 WEAVE 和 4MOST 等中高分辨率光谱巡天将会为红矮星的金属丰度和径向速度等参量的研究提供海量的观测数据资源。2013 年发射的 Gaia 天体测量卫星，已提供大量红矮星的自行速度、径向速度和距离等重要的观测参量。

　　在红矮星周围不断发现有行星存在。观测研究显示红矮星周围的岩质行星比气态行星更为普遍，而且岩质行星出现在其宜居带内的比例也高。数值模拟显示很多红矮星周围的类地行星最为普遍，而且其行星表面会有海洋覆盖。系外行星探测领域的强劲发展，推动了对红矮星的金属丰度、磁活动性和光变周期等参量的研究。随着观测设备进步和观测精度的提高，将有越来越多的系外行星探测望远镜指向红矮星。

◆ **重要的红矮星**

以下列出 5 颗具有重要研究意义的红矮星：

比邻星（Proxima）1915 年被发现。是一颗 M5.5 型的红矮星，是离太阳最近的恒星，也是半人马座 α 三星系统（Alpha Centauri ABC）的第三星。它是一颗 M5.5 型的红矮星，2016 年发现比邻星周围的宜居带内有一颗类地行星（Proxima b）。已有团队在计划向 Proxima b 发射人造飞行器。

巴纳德星（Barnard's star）1888 年最早被观测到。是一颗 M4 型红矮星。E.E. 巴纳德于 1916 年首次测量了它极高的自行速度。巴纳德星是已知的自行速度最大的恒星。

卡普坦星（Kapteyn's star）于 1898 年被 J. 卡普坦发现。是一颗 sdM1 型红亚矮星，也是离太阳最近的贫金属恒星。2014 年发现卡普坦星周围可能有 2 颗质量分别为地球的 5 倍和 7 倍的岩质行星。

格利泽 229（Gliese 229）为一颗 M1 型红矮星。是第一颗被发现的 T 型褐矮星（即光谱型为 T 的褐矮星）Gliese 229B 的主星。

特拉比斯特 -1（TRAPPIST-1）是一颗 M8 型的红矮星。2017 年发现 TRAPPIST-1 周围有 7 颗类地行星，其中 3 颗在其宜居带内。

水平分支星

水平分支星是红巨星演化之后，由稳定的氦燃烧核和较薄的氢燃烧壳层构成的一类小质量恒星。最早发现于球状星团中，在赫罗图上，处于从左下到右上大体水平的曲线上，温度则沿水平线从高温端（蓝端）到低温端（红端），与红巨星所处位置底部红团簇星相接。水平分支星通常处于球状星团中，在疏散星团中几乎没有发现，属于星族 II 年老恒星。

对于质量小于 2.3 个太阳质量的恒星，其中心氢燃烧过程结束后所形成的氦核处于电子简并状态。在红巨星阶段，壳层中的氢继续燃烧并不断累积到氦核表面，使得氦核质量和温度不断上升。当温度达到氦燃烧点火温度时（约为 10^8K），氦核表面附近的氦将发生失控式氦燃烧，被称为"氦闪耀"。氦闪耀过程导致氦核逐渐解简并,并在其闪耀结束后开始稳定的中心氦燃烧。由于氦燃烧的点火温度大体上是固定的,通常当氦核质量约为 0.45 个太阳质量时其温度达到点火温度。因此,对于小质量恒星,处于水平分支阶段的恒星具有基本相同质量的氦核。中心氦燃烧过程所产生的光度也是基本相同的。在红巨星阶段,由于恒星损失了大量外壳质量,因此留存在水平支星的氢外壳质量较小。不同质量的壳层会造成光度和温度的变化,质量较大的外壳对应于较大的光度和较低的温度,质量较小的外壳则对应于较小的光度和较高的温度。由于光度大部分由氦核贡献,其变化范围较小,处于近水平的曲线上,因此称为水平分支星。水平分支星温度跨度较宽,在 5000 ～ 20000K。在有效温度 5900 ～ 7500K 的一个窄带内,所有处于其中的水平分支星都表现出周期性的脉动现象,其脉动性质服从"周期 – 光度关系",被称为天琴座 RR 型变星。由于脉动周期可以从观测上较准确地测定,利用周期光度关系可以准确得到恒星的光度,因此,这类变星常用于距离的测量,作为宇宙测距的标准烛光之一。

通常而言,水平分支星分布的形态与星团金属丰度直接相关,低金属丰度星团水平分支星可延展至更蓝端。但观测表明金属丰度并不是唯一决定其形态的参量,如球状星团 NGC288 与 NGC362 具有相似的金属丰度,但前者水平分支星延展至蓝端,后者则只到红端附近。因此,除金属丰度以外,还有其他因素影响着水平分支星分布的形态,称为第二参数。恒星年龄、自转、星团密度以及氦增丰等均为可能的候选参数,但仍然没有某一参数可以解释所有球状星团的水平分支星分布形态。这一问题作为恒星物理的基础问题之一被称为"第二参数问题"。

高光度蓝变星

大质量（初始质量通常大于 25 个太阳质量）恒星演化到中晚期的阶段，有着极高的亮度（$10^5 \sim 10^7$ 太阳光度），不规则的光变。高光度蓝变星位于赫罗图的左上角顶部。属于高光度星。天文学上又称亮蓝变星。最初只有剑鱼座 S（S Dor）型变星，因此初期也叫剑鱼座 S 型变星，后来又发现哈勃－桑德奇变星等亮蓝变星。

在亮蓝变星演化阶段，恒星通常会有间歇性的质量损失暴，此时恒星的光学波段会变亮 $1 \sim 2$ 星等，光谱型从 O/B 型超巨星转变为 A/F 型超巨星。传统的大质量恒星演化模型通常认为该类恒星是大质量恒星的氢主序星，即沃尔夫－拉叶星的前身星。但有观测证据表明亮蓝变星可以爆炸为 II 型超新星。发现和证认更多亮蓝变星对于理解大质量恒星的质量损失暴及其演化模型至关重要。

早在 19 世纪 30 年代，天文学家们就注意到海山二（船底座 η 变星，ηCar）突然变亮。在变亮期间，亮度与超新星相似，但与超新星不同的是，它幸存了下来，周围充满了其抛射的物质。进入 20 世纪以来，海山二又一次变亮，但是仅仅只是小振幅的变化。另一颗星天津增九（天鹅座 P，P Cyg）显示了与海山二相似的经历，在 17 世纪天津增九显示了一个超过 3 个星等的变化，然后相对稳定直到现在。20 世纪 70 年代，天文学家开始动用各种手段来研究大质量恒星，开始认识到海山二、天津增九，以及大麦哲伦星云中的剑鱼座 S、M31 和 M33 中的哈勃－桑德奇变星有着相似之处。在 1984 年，P. 孔蒂（Peter Conti）使用"亮蓝变星"这个词去描述那群具有不规则光变的大质量恒星。到 21 世纪初，在本星系团中一共有 51 颗被认证为是亮蓝变星，另外有 15 个候选体。2019年云南大学西南天文研究所刘晓为研究团队利用国家重大基础设施大天区面积多目标光纤光谱天文望远镜（LAMOST）、中国科学院国家天文台 2.16 米光学望远镜、中国科学院云南天文台 2.4 米望远镜观测的数据以及历史存档数据联合证认了一颗位于仙女星系（M31）外围的亮蓝变星——LAMOST J0037+4016。这是截至 2019 年发现距 M31 中心最远的一颗。

亮蓝变星是演化到中晚期的大质量恒星中单独的一类，它们的光度是太阳光度的 40 万倍以上。它们是一些正在从高温端向低温端（或者相反）演化的大质量恒星。亮蓝变星的初始质量基本在 40 倍太阳质量以上，大于超新星 1987A 的初始质量。

亮蓝变星最显著的特征是不规则的光变，其光变起源一直在研究中。亮蓝变星的光变有三类：①"爆发"阶段，它们变化 3 个视星等以上，持续数十年，释放的能量与超新星相似；②"光变"阶段，视星等增加 1～2 等，持续一年到十年的时间，总光度保持不变；③"微变化"阶段，振幅为 0.1 个视星等左右，周期在星期到月之间。亮蓝变星在其一生中要在视亮度极大和视亮度极小之间经历很多次的转化，统计工作显示出亮蓝变星的变化时标（在最大和最小之间的活动时间）大部分在20～50 年，而不活动的时间与变化时标的量级相同。亮蓝变星在其大部分时间内是处在弱活动或是极小状态，长时间活动的状态非常少。大多数的亮蓝变星在大部分时间内都表现出低振幅的变化（小于0.5星等），或者接近最小状态。

亮蓝变星的光谱中有氢、氦和铁等金属元素的发射线存在。在观测分辨率足够高的情况下能够看到天津增九轮廓。它们的光谱是变化的，在安静（最小）时期显示类似于热的超巨星的氢和氦发射线，有效温度在 12000K 以上；在视亮度最大时期温度下降到 8000K，与冷的 A 或 F 型的超巨星的光谱相似，但是其巴尔末线系基本表现为天津增九轮廓。亮蓝变星的巴尔末连续谱存在有超量发射的行为。

亮蓝变星的典型物质损失率在每年 $10^{-5} \sim 10^{-4} M_\odot$，这比同光度范围内的超巨星的物质损失率更高；它们的星风的速度为 100 ～ 400 千米 / 秒，这比通常的 OB 星的星风速度低 2 ～ 3 倍。

夸克星

夸克是一种以游离夸克为基本组分而构成的致密天体，是大质量恒星演化至晚期通过超新星爆发而残留的遗骸，表现为脉冲星。

随着对深层次物质结构的探索，人们于 20 世纪 60 年代开始认识到：包括中子、质子在内的强子是由更基本的粒子——夸克所构成。在高密度的情况下，束缚于强子内的夸克或可分离开来，这一过程被称为"解禁"。鉴于此，一些学者开始讨论大质量中子星核心处夸克解禁的可能性。不过因实验中未发现自由夸克，人们当时误认为夸克质量远大于质子质量，夸克因而通过深势阱相互束缚结合成强子。在这种错误的观念引导下，D.D.伊万年科和D.F.库尔德兰兹（1969）计算得到了过高的夸克解禁密度，而伊萄（1970）给出了过低的夸克星质量。1973年，D.J.格罗斯、H.D.波利策和F.威尔切克（三位分享2004年度诺贝尔物理学奖）从理论上证明了强作用渐近自由，这标志着描述强作用的基本理论——量子色动力学（QCD）的建立。因此，夸克星也可以看作高密度下渐近自由属性的一种理论预言。

在高能标下，因渐近自由行为，QCD可采用微扰论处理。然而，夸克解禁密度以及夸克物质的性质等却与QCD的非微扰特征密不可分。如何正确考虑这一非微扰效应仍是粒子物理领域的重大挑战之一，跟世纪奖金问题"杨－米尔斯存在性和质量间隙"紧密相关。1984年，美国科学家E.威滕推测大块的奇异夸克物质（以几乎等数量的上、下和奇异夸克为组成单元）是强作用物质的基态并讨论其存在的可能性（夸克星、宇宙线和暗物质）。这一论断后来被称为"威滕猜想"。由奇异夸克物质构成的致密星被称为奇异夸克星，简称为夸克星或奇异星。E.法赫和R.L.贾菲于1984年利用MIT口袋模型计算发现：威滕猜想在很大的参数空间内是合理的。

若威滕猜想成立，夸克星要比中子星更稳定，因而观测上发现的脉冲星很可能是夸克星。海赛小组和阿考克小组于1986年分别独立计算了夸克星的结构，发现夸克星确实可以具有跟中子星相近的极限质量。至此，相对于流行的中子星而言，夸克星作为另一类模型而存在。考虑到脉冲星类致密天体观测现象的丰富性和复杂性，如何从观测上鉴别中子星或夸克星依然是天体物理的研究热点之一。

相对于威滕猜想而言，另一种可能性是：大块的、成团的（即夸克并非处于游离态，而是如原子核内夸克束缚于核子内那样）、以几乎等量轻味夸克（包括上、下和奇异夸克）构成的致密物质才是强作用物质的基态。由于在数倍核物质密度情况下，夸克之间的耦合依然很强，因此尚不能排除这一可能。研究表明，相比中子星而言，这种情形下形成的致密星在表面和整体结构上都有鲜明的特点（如整体呈固相）。如何通过天文观测确定这类天体是否存在，也将是有趣的天体物理话题。

红团簇星

红团簇星是在赫罗图上，分布在温度 4000 ～ 5000K 且光度 50 ～ 80 倍太阳光度范围内的恒星聚团。一般认为，红团簇星是富金属的小质量水平分支恒星。它们的初始质量在 1 ～ 2 太阳质量之间，经过主序和红巨星阶段的演化之后，发生氦闪耀，然后进入稳定的中心氦核聚变燃烧阶段，属于恒星演化晚期的水平分支星，且位于水平分支的红端。在红团簇星阶段，其光谱型为 GK 型，恒星在这个阶段持续的时间在 1 亿年左右。

在小质量恒星的红巨星演化阶段，恒星中心是氦核，电子处于简并状态，在氦核表面进行着氢聚变为氦的核反应。在这个过程中，氦核质量不断增大，而体积则不断收缩。当氦核质量增大到某一临界质量（0.4 ～ 0.5 倍太阳质量）的时候（此时恒星光度约为 3000 倍太阳光度），氦核的收缩会使温度升高，从而引发氦的核聚变反应。但是，在电子高度简并状态下，氦核聚变反应是以非稳定的爆炸式进行，持续时间很短，被称为氦闪耀。通过数次氦闪耀之后，氦核解除电子简并，进入稳定的中心氦核聚变燃烧阶段。与此同时，氦闪耀造成的氦核膨胀使得氢聚变燃烧壳层的温度降低，从而恒星的光度下降。此后，恒星进入水平分支演化阶段。因为氦闪耀时的氦核临界质量是比较固定的，基本不依赖于恒星的总质量，所以不同质量的恒星进入水平分支演化阶段时的光度是基本相当的。而此类富金属的恒星，由于不透明度大，进入水平分支演化阶段时的有效温度都很低，在5000K以下，但略高于红巨星的温度。这两个效果使其具有基本一致的温度和光度，造成了富金属小质量水平分支恒星（即红团簇星）在赫罗图上的聚团现象。中等质量和大质量的恒星不会经过氦闪耀阶段，而贫金属水平分支恒星的有效温度可以很高，都不会形成红团簇星。

在观测中，红团簇星的温度和光度的聚团性，使得其很容易辨认；而且，由于它们的光度统一，可以被用作标准烛光，用来测定星团的距离。

球状体

球状体是一种小型而密度较大的球状暗星云，又称巴纳德天体。球状体很暗，只能用大望远镜才能观测到。有人认为是一些正处在引力收缩阶段的原恒星；但也有人认为球状体的尘气比例过大，不符合形成恒星原材料的要求，而且密度太小，每立方厘米只有10～1000个分子，不足以产生引力收缩。在太阳附近 500 秒差距内已观测到 200 多个大球状体，它们的角直径为 3′ ～ 20′，线直径为 10^3 ～ 10^5 天文单位，质量为 0.1 ～ 750 个太阳质量，温度为 7 ～ 15K。据推算，银河系中应有 25000 个大球状体，主要的成分是氢气、一氧化碳以及一些有机分子。

赫比格 – 阿罗天体

赫比格 – 阿罗天体是一种形状为半星半云的、并拥有独特发射光谱的特殊天体，简称 HH 天体。赫比格 – 阿罗天体被认为是处于恒星演化早期阶段的极年轻的天体，有人认为是一种正在形成恒星的原恒星。这类特殊天体是 G.H. 赫比格（于 1948 年）和 G. 阿罗（于 1950 年）首先发现的，因而以他们的名字命名，简称 HH 天体。HH 天体都分布于低银纬区域的弥漫星云内，伴随有大量的金牛座 T 型变星。HH 天体的外形比较特殊，大多数呈现为结构单一的半星半云状。但有一些 HH 天体，在高分辨率的底片上往往出现多个分立的亮凝聚云核，并和周围的暗星云成协，组成一个较大的复合体。它们的形态和亮度都随时间而变化，特别是在那些有分立结构的 HH 天体中，光变十分复杂，有的亮核长时间不变，但有的却在几年时间内亮度不是明显地增强，就是逐渐地减弱。至今还没有观测到一颗和 HH 天体有明确联系的恒星。从恒星演化角度来看，一般都认为 HH 天体处于恒星的形成和演化的早期阶段，它们的年龄为 10^5 ～ 10^6 年。一般看法是，恒星在主星序前的演化序列是从 HH 天体开始，过渡到金牛座 T 型变星，最后才到达主星序的。

红外星

红外星是光谱中主要的能量位于红外区的恒星。1961 年，黄授书就预言过这种天体的存在。1966 年，美国天文学家 E. 贝克林等人在猎户座星云中发现了第一颗红外星，这颗红外星被称为"贝克林星体"。20 世纪 70 年代，天文学家通过观测证实了在银河系核心方向上有一个强红外辐射源，称为"红外核"，它的直径不到 10 个秒差距，质量为太阳的 300 万倍，红外辐射为太阳辐射的 8000 万倍，几乎占银河系总辐射量的 1%。之后又陆续发现其他的星系也有这样的"红外核"。

根据普朗克辐射定律，黑体的温度越低，辐射的主要部分就越向长波区（即红区）移动，因此相当多的红外星是有效温度很低的晚型星。还有一些红外星，其辐射不符合黑体辐射定律，而显现出明显的红外色余。这可作如下解释：在星体周围存在着尘埃和气体分子云，它们吸收中心星发射的紫外线和可见光能量，再以红外波辐射出去。这些物质可能来源于原恒星形成的剩余物，例如来源于猎户座 BN 天体和金牛座 T 型变星这样一些红外天体；也可能是从中心星抛射出来的，如鲸鱼座 o 和 IRC+10216 的周围的尘埃壳。红外星主要是一些红色超巨星，长周期变星，碳星，淹没在浓密尘气吸光云中的 O、B 型星，B 型发射星，爆发后不久的新星，老新星，F、G、K 型高光度星，金牛座 T 型变星和猎户座 BN 天体等。它们中的一部分或者是年轻的正在形成中的恒星，或者是年老的走向灭亡的恒星。因此对红外星的研究是天体演化学中十分重要的一环。

原恒星

原恒星是在恒星演化过程中处于极早期阶段的天体。通常指正处在引力收缩阶段的浓密星际物质云，特别是其中的一种近乎球形的球状体。但也有人认为球状体的密度还很小，不足以产生引力收缩；而且球状体中的尘埃与气体的比例过大，不能成为原恒星的原料。不少人认为赫比格－阿罗天体、金牛座 T 型变星、耀星以及一些红外星是原恒星的不同演化阶段或不同形态。

年轻星体

年轻星体是在恒星形成过程中尚未开始氢核燃烧的恒星胚胎及其周围的尘埃、气体结构共同构成的天体。年轻星体在不同的演化阶段，具有诸如吸积包层、吸积盘、喷流 / 外流、原行星系统、分子脉泽源等多种结构特征。它们按质量从大到小可以分为大质量年轻星体、中等质量年轻星体和小质量的褐矮星。主序质量小于 8 倍太阳质量的中小质量年轻星体被研究得较多，而大质量年轻星体的性质还很不清楚，是观测和理论研究的热点。

◆ 形成与演化

恒星形成肇始于原子气体聚集形成分子云。分子云首先引力坍缩形成致密云核，称为无星云核。其中仅部分云核将坍缩形成恒星，因此可称为恒星前云核。恒星前云核进一步失稳坍缩，直到形成一个气体密度

高于 10^{11} 个粒子／厘米^3 的内核。它在红外和毫米波段也变得光学厚度高，辐射冷却效率降低，气体温度升高，压力增大，使得云核坍缩减慢，在中心形成一个流体静力学核，便进入了年轻星体阶段。

中小质量年轻星体

对于主序质量小于 8 倍太阳质量的中小质量星体，当核球内气体密度慢慢升高到约 10^{16} 个粒子／厘米^3 时，气体温度将达到 1000K 以上，H_2 分子开始离解，氢原子开始电离，并吸收热量导致气体温度和压力无法进一步升高以对抗因吸积而继续增大的引力，星体再次快速坍缩，直到完全电离。中心气体温度慢慢升高到 10^6K 时，氘核燃烧点燃，星体很快变得完全对流。氘燃烧结束后，星体继续坍缩，温度、密度升高，直到其中心温度达到 10^7K 时，中心氢核燃烧点燃，便结束年轻星体阶段，进入了主序阶段。

大质量年轻星体

大质量年轻星体的形成与演化仍然是一个前沿的研究课题。这可能涉及高达 10^3 太阳质量／年的超高气体吸积率。作为例子，已有数值模拟研究描绘了这样一个演化图景：①绝热吸积过程。初始吸积过程非常迅速，热传导速度太慢，因此这近似为绝热过程。星体内部通过辐射传递能量，气体温度没有达到氘核反应的温度，因此无对流产生，直到星体质量达到约 6 倍太阳质量。②热膨胀过程。由于中心温度高，但密度和光学厚度低，中心氘核燃烧对星体影响不大，星体内部仍然是辐射传能为主，仅在星体表面由来自内部的辐射能量和吸积激波的联合加热产生一个薄对流层。星体半径膨胀，可以超过 100 倍太阳半径，直到星体质量超过约 10 倍太阳质量为止。③热坍缩过程。星体光学厚度减小，内部所有地方都能通过辐射损失能量，星体因此而收缩，中心温度升高。由于没有对流过程补充中心供核燃烧的氘元素，氘燃烧在中心熄灭，并在一个向外移动的壳层区域内继续进行。④主序吸积过程。当星体吸积达到约 20 倍太阳质量时，中心氢核点燃并提供能量补充辐射损失，星体进入主序阶段，直到星体吸积达到约 30 倍太阳质量时，星体收缩才停止。在这整个过程中，星体光球的温度都维持在 6000 ～ 7000K。大质量年轻星体寿命很短暂（可以短于 10^4 年，依星体质量而不同）。

　　文献中常提到的原恒星和主序前恒星，主要是从观测的角度对年轻星体的分类：前者主要指恒星胚胎还被尘埃包埋着，仅能在红外波段观测到的阶段；后者是指星周尘埃包层部分或全部消散，星体在光学波段变得可见，从而可以在赫罗图上确定其位置的阶段。大质量年轻星体深埋在浓密的尘埃气体中，吸积很快，时标很短，因此只有原恒星阶段，没有主序前星阶段。

◆ **观测性质**

　　对于中小质量年轻星体，它们最初在观测上根据红外能谱特征被分为四类（Class 0- III），中小质量恒星从坍缩的星云中形成 Class 0 天体，然后经历吸积盘和双极喷流过程的 Class I，吸积停止之后行星形成过程的 Class II，最后演化到形成行星系统的 Class III。

　　天文学家后来又在 Class I 和 Class II 之间为一类物理状态不太明确的过渡型天体添加了一个平谱类，因此共有如下五类：

第零类（Class 0）

这类年轻星体还深深包埋在温度很低（< 70K）浓密尘埃云中，在光学和小于 20 微米的近中红外波段都不可见，仅在远红外波段被探测到。这个阶段基本对应于恒星胚胎成长的早期阶段，年轻星体初次形成，云核坍缩仍将继续，坍缩激波加热气体，提供星体发光的主要能量来源，直到物质吸积由云核坍缩为主转变为盘吸积主导。Class 0 阶段是星体吸积率最高的阶段，时标较短（< 10^5 年）。这个阶段的星体可以称为原恒星。

第一类（Class Ⅰ）

这类年轻星体的能谱分布（即辐射流量密度作为波长的函数）通常很红，在红外波段向长波方向上升，在 2.2 ～ 20 微米波长区间的红外能谱斜率 α ≥ 0.3（部分第二类的年轻星体也可能由于侧向吸积盘的遮挡效应而出现类似能谱特征）。观测发现，这类星体仍然包裹在浓密的尘埃包层中，可见光（V 波段）消光高达 10 ～ 50 星等，主要在红外波段被作为点源探测到。它们通常同时具有吸积包层和吸积盘。由于角动量守恒，包层物质先沉降入盘中，然后再通过盘吸积进入原恒星。气体吸积率在此阶段已经开始减小；到此阶段末期，恒星通常已经获得了大部分质量。此阶段的时标也不长，约 10^5 年。这个阶段的星体也属于原恒星。

平谱类（Flat Spectrum）

这类年轻星体红外能谱分布在红外波段接近水平，红外能谱斜

率 $-0.3 \leqslant \alpha < 0.3$。这是 Class I 到 Class II 的过渡型天体，可能也是原恒星与主序前星之间的过渡天体。很可能它们正在经历星周物质结构的某种快速演变过程。

第二类（Class II）

这类年轻星体红外能谱分布偏蓝，向长波方向下降，红外能谱斜率 $-1.6 \leqslant \alpha < -0.3$。在观测中，除个别情况下被侧向吸积盘遮挡之外，大部分这个阶段的星体都在光学波段可以被探测到，星周 V 波段消光只有 $0 \sim 5$ 星等，它们开始在赫罗图上的恒星诞生线附近出现，由重氢核燃烧提供能量，星体内部处于完全对流状态。那些在观测上具有强的 Hα 谱线辐射的所谓经典金牛座 T 型星（CTTS）大多数属于这一类别中的小质量星；比 CTTS 亮 $10 \sim 100$ 倍的赫比格 Ae/Be 星则是主序质量在 $2 \sim 8$ 倍太阳质量的恒星在此阶段对应的观测天体。这类年轻星体通常仅有吸积盘，没有显著的星周包层，吸积活动很弱；气态巨行星主要在这个阶段形成。此阶段的时标约为 $10^6 \sim 10^7$ 年（平均 3×10^6 年）。

第三类（Class III）

这类年轻星体的能谱分布主要来自恒星光球辐射，只有很弱的来自残留原行星盘的远红外，超红外能谱斜率 $\alpha > -1.6$。在观测中，它们只有很弱的来自分子云的消光。这类星体在赫罗图上沿林忠四郎线向主序演化。这个时期分子云被辐射压驱散，引力场减弱，同时期形成的星团开始瓦解，成员星逐渐逃离母分子云区域。那些观测上具有较弱的 Hα 谱线辐射的所谓弱线金牛座 T 型星（WTTs）很多就属于这一类别中的小质量星（也有部分 WTTs 属于 Class Ⅱ）。也许部分较大质量的赫比格 Ae/Be 星也可以归为这一类。这类年轻星体通常不再拥有光学厚的吸积盘，气态巨行星的形成也已经停止，但是类地行星的形成还在进行着。此阶段结束时，恒星点燃氢核燃烧进入主序，与太阳风类似的恒星风将驱散大部分余下的行星际气体和小尘粒。

喷流和外流是年轻星体中常见的现象，它们在从 X 射线到毫米波的宽波段范围内都可见，有些在更长波的射电波段也能观测到脉泽现象。它们在恒星形成过程中扮演了重要的角色：带走角动量促进气体吸积；在星周包层中制造出空洞，甚至瓦解它们，允许辐射逃逸；为维持云核尺度的湍流提供能量等。这些反馈过程调节了恒星形成的速度和效率。特别是中小质量恒星的喷流准直度非常高，其双极喷流尺度可以达到 10 秒差距，形成著名的赫比格 - 阿罗天体（简称 HH 天体）。

上述物理图景主要适合于孤立恒星形成的情况。但是最新的观测表明，绝大多数银河系中的恒星，特别是大质量恒星，都是成团形成的。在原恒星团的环境下，相邻年轻星体可以发生复杂的引力、辐射、喷流和星团动力学相互作用。大质量原恒星如何吸积获得足够质量的机制尚在争论之中，可能是通过气体盘吸积或者竞争性吸积，也可能是较小恒星在原恒星团中的并合。现已在大质量原恒星周围观测到了吸积盘。

◆ **年轻星体的观测搜索**

基于不同类型年轻星体的特点，人们通常使用不同的观测方法去寻找它们。

消光大的 Class 0/ I 和平谱类天体

①通过中远红外图像中的点源来证认它们（如斯皮策红外空间望远镜对 1 千秒差距内的年轻星体做了完备的观测搜索）；②通过近红外图像上在空间上聚集的红外源星团来找到它们。

消光小的 Class II / III 型天体

寻找它们的方法包括：①对于金牛座 T 型星，人们主要根据它们高达 3 个星等的不规则光变，来自星周物质的强 Ca II H 和 K 线以及巴耳末线发射，不早于 F 型的光谱型，以及与星云的成协来证认；②对近邻分子云中的年轻星体，还可以通过它们约 0.02 角秒 / 年的较大的自行来证认；③由于它们还通常有强的磁场，也可以通过强的 X 射线辐射来证认它们；④也可以通过光学和近红外波段的颜色指数来证认它们（如很多恒星形成区中的褐矮星就是这样找到的）。

第 2 章

恒星物理学

恒星自转

20 世纪初有人在研究食双星天秤座 δ 和金牛座 λ 视向速度曲线的畸变现象时，首次发现了恒星自转。恒星自转会使光谱吸收线加宽，因此可以根据谱线的宽度测定自转速度。实际上，测量的结果只是恒星自转线速度矢量在视线方向的投影。测定恒星自转的经典方法是，在简化的条件下，计算出一套对应于不同自转速度值的理论谱线轮廓，再和观测轮廓相比较。自转还会影响恒星表面亮度分布、脉动和磁场，也会影响恒星光谱分类和致密星的理论质量上限等。不同类型的天体具有不同的自转速度。Be 星属于快速自转星，晚于 A 型和 F 型巨星的自转比对应光谱型的主序星快得多。星族 Ⅱ 的星自转最小。数以千计恒星的自转速度投影值已经测定。主序星和巨星之间存在着显著差异。高速自转只发生在早型星特别是早型发射线星中，不会出现在晚型星、超巨星、造父变星和长周期变星中。

恒星质量

恒星质量指恒星所含物质量的多少，是其最重要的物理参量之一。恒星质量是恒星结构和恒星演化的决定性因素。求恒星质量最基本的方法是利用物理双星的轨道运动。所求得的质量称为动力学质量。具体方法如下：①目视双星有可靠的视差，可应用开普勒第三定律，由轨道半长轴的真长度和轨道周期算出两子星的质量和，再由两子星离公共质心距离的比值得知两子星的质量比，进而求出每一子星的质量。用这种方法求得的天狼甲、天狼乙两星的质量分别为 2.143 和 1.053 太阳质量。②双谱分光双星已得分光解，而这对双星又是食双星，并已知其测光解中的轨道倾角，进而可求得两子星的质量。用此方法求得的食双星大陵五甲、大陵五乙两星的质量分别为 3.7 和 0.81 太阳质量。③双谱分光双星已得分光解，而这对双星又是干涉双星，并已知其轨道倾角，由此可求得两子星的质量。用此方法求得的角宿一甲、角宿一乙两星的质量分别为 10.9 和 6.8 太阳质量。④双谱分光双星分光解加上由偏振观测所得轨道倾角进而也可得出两子星的质量。如普拉斯基特（Plaskett）星（HD47129=HR2422，麒麟座中的一个 6 等星）的质量就是这样推算出来的。

求恒星质量的其他方法还有：利用已知半径的白矮星的引力红移量求白矮星的质量；根据真半径和表面重力加速度推算恒星的质量（即分光质量或称大气质量）；根据恒星的质量和光度的统计关系（质光关系），从光度估计质量；利用恒星在赫罗图上的理论演化轨迹估计恒星质量

（称为"演化质量"）；对已知真半径的脉动变星，可由脉动周期估算平均密度，从而得出质量（称为"脉动质量"）。但这些方法都不如动力学质量方法可靠。

许多恒星的质量数据仍不可靠或精度甚低，这包括大角、老人、织女一、河鼓二、参宿四、心宿二等亮星。要编出规模可观的精确的恒星质量表还需要做很多工作。恒星质量的范围是在百分之几太阳质量（如某些红矮星，特别是物理双星的子星）到 120 太阳质量之间，有时可能更大，但大多数恒星的质量在 0.1 ~ 10 太阳质量之间。1978 ~ 1979 年，有人综合 X 射线双星的资料得出其中中子星平均质量为 1.6 ± 0.3 太阳质量。恒星的质量范围比光度和直径范围小得多。一些恒星的质量随着时间而变化。除了热核反应把质量不断转变为辐射能以外，许多恒星还因大气膨胀或抛射物质而不断损失质量。新星、再发新星发亮时抛出质量，超新星爆发后质量可能大大减少。密近双星有时一颗子星的质量会逐渐转移到另一颗子星上去。

恒星大气

按物理性质的不同，恒星大气可以分成若干层次。

◆ 恒星大气层次

光球

大气底层密度最大的部分。它的厚度同星球半径相比一般是很小的（如太阳半径为 69.6 万千米，它的光球仅厚几百千米），但恒星的全部光学辐射几乎都是从此发出的。通常观测到的恒星吸收谱（连续谱加吸收线），基本上就是光球光谱，而恒星的亮度也基本上决定于光球的亮度。人们见到的太阳圆面，就是光球。过去认为，光球是产生连续谱的区域，而吸收线则是由光球之外的所谓反变层对光球辐射进行选择吸收所形成的。这种把产生连续谱和产生吸收线的区域截然分开的看法，很快就被放弃了。实际情况是，光球的各个部分都产生连续谱，但其温度较低的外层却同时对内层的辐射产生吸收作用，从而形成了吸收线。产生不同化学元素的吸收线的大气深度是不同的，因此，产生吸收线的层在光球中并无确切的边界。我们虽然不能像看太阳那样直接看到其他恒星的光球圆面，但根据恒星吸收谱的形态可以断定，光球是每个恒星的大气中必然存在的层次。

色球

光球的外面是色球。太阳的色球可在日食时或在某些单色光中进行观测，它的厚度约 2000 千米，基本透明，对光球辐射的吸收很弱（只有最强的一些吸收线的线心部分可能是在色球中产生的）。太阳色球发出的可见光很少，它主要发出一些发射线。其他恒星的色球，一般无法单独观测到，因为人们观测到的恒星辐射是整个大气的混合辐射，其中占压倒优势的光球辐射往往掩盖了其他部分的辐射。只有在晚型星光谱中，电离钙的 H 和 K 吸收线中有时出现发射成分，可以比较肯定地认为它们来自这些恒星的色球。不过，人们还是发现了几个很特别的恒星，从而获得较详细地研究晚型超巨星色球的可能性：这就是由一个晚型超巨星和一个半径小得多的早型星组成的食双星系统，其中最著名的有御夫座ζ、天鹅座31、天鹅座32和仙王座VV等星。在这些食双星中，早型子星半径一般只有晚型超巨星半径的百分之几。早型子星在被食之前和被食之后，将两次从晚型超巨星大气后面经过，这时观测者看到的早型子星的光，将依次通过晚型超巨星色球不同高度的各层，而受到色球物质的吸收。对不同高度的色球层所产生的吸收线进行研究，就能获得有关晚型超巨星色球物质的物理状态的信息。对元素的高次电离发射线和HeI10830埃线等现象的研究，确认存在色球的恒星在赫罗图上分布甚广。其中有的如大角、五车二等还是活动色球星，它们的色球活动比太阳强得多。已单个建立理论色球模型的恒星也正在日益增多。

星冕

观测太阳时，在色球之外还能看到日冕。日冕延伸范围可达数百万千米甚至更远，但在光学辐射中的作用却很小。一般情况下，日冕完全淹没在光球辐射之中，只有在日全食时或通过特殊的日冕仪才能观测到它。其他恒星的星冕，主要根据紫外线和X射线的观测研究来确定。高能天文台2号卫星已测到100个以上恒星的X射线，通过分析认为主要来自它们的星冕。这些恒星在赫罗图上分布甚广，除M型巨星，G、K、M型超巨星外，还有其他类型恒星（包括白矮星），典型的例子有五车二、参宿二等。

恒星包层

典型的恒星光谱是带有吸收线的连续谱。具有这种光谱的恒星大气，其厚度比星体半径小得多。但有少数恒星的大气厚度与星体半径差不多或甚至更大。这种大气称为恒星包层或延伸大气。延伸大气的光谱中除吸收线外，往往还有发射线，这是大气较外层的稀薄气体发出的。如果发射很强，发射线甚至可能把吸收线淹没。沿观测者视线方向直接投影到星面上的那一部分大气很像一个吸收管，当延伸大气中的物质足够多时，吸收管中的物质能在恒星光谱中造成附加的吸收线，这些吸收线的激发度低于大气内层吸收线的激发度。一些早型星如 O、B 型发射星，以及其他一些恒星，都有这种延伸大气。

◆ 化学成分

通过恒星光谱中谱线的研究，可以测定恒星大气的化学成分。研究得最多的是太阳及其附近的星。结果表明，星族 I 恒星大气中元素的丰度与太阳的基本相同，这称为正常丰度。恒星大气的化学成分中氢占绝对优势，而金属含量甚微。亚矮星、高速星以及球状星团等星族 II 成员，其金属含量更低，大约比正常丰度还要小两个数量级。不同星族之间化学成分的差异，对于研究恒星的演化具有十分重要的意义。

星　等

星等是表示天体相对亮度并以对数标度测量的数值。古希腊天文学家依巴谷（又译喜帕恰斯）编制星表（表上有 1022 颗恒星）时，把全天人眼可见的星按感觉的亮度分为 6 等，亮的 20 颗星定为 1 等，人眼刚刚可见的最暗恒星为 6 等。亮度随星等数目的增加而降低。后来 J.F. 赫歇尔发现，1 等星比 6 等星亮约 100 倍。到 19 世纪已意识到，人眼的感光不是线性的，而是遵守对数规则。1856 年，N.R. 普森用公式 $m_2-m_1=-2.5\lg(I_2/I_1)$ 联系两个天体的星等 m_1、m_2 和它们的亮度 I_1、I_2，这个星等尺度的定义被一直沿用。星等尺度的零点由规定某颗星的星等值来确定。

◆ 视星等

天体光度测量直接得到的星等同天体的距离有关，称为视星等，它反映天体的视亮度。一颗很亮的星可能会由于距离远而显得很暗（星等数值大）；而一颗实际上很暗的星可能由于距离近而显得很亮（星等数值小）。对于点光源，则代表天体在地球上的照度。星等常用 m 表示。对单一波长测定的单色星等差与辐射探测器的特性无关。但在一定波段内测定的星等差，随探测器的选择性而不同。因此，对应不同探测器有各种星等系统。如：①目视星等 m_v。人眼测定的星等。美国哈佛大学天文台规定小熊座 λ 星的 m_v=+6.55，以此来确定目视星等的零点。太阳的目视星等为 -26.74，天狼星的目视星等为 -1.6，天津四为 1.25；满月的视星等为 -12.7。目视星等为 1 等的星，地面的照度约等于 8.3×10^{-9} 勒克斯。由现代实验测定，零等星在大气外的照度是 2.54×10^{-6} 勒克斯。简单地说，光度为 1 烛光的点光源在相距 1 米处所产生的照度就是 1 勒克斯。为了便于识别，星等图上常根据星等的大小，将星画成不同大小，点子愈大表示愈亮，点子愈小则愈暗。②照相星等 m_p。用蓝敏照相底片测定的星等。国际照相星等 I_{pg} 的零点是这样规定的：令目视星等介于 5.5 ～ 6.5 的 A0 型星的平均 I_{pg} 为 m_v。③仿视星等 m_{pv}、国际仿视星等 I_{pv}。用正色底片加黄色滤光片测定。它的分光特性与人眼相近，实际上取代了目视星等。④光电星等。用光电倍增管测定的星等。最常用的光电星等系统是 UBV 测光系统。U 为紫外星等，B 为蓝星等，V 为黄星等（和目视星等相似）。⑤热星等 m_{bol}。表征天体在整个电磁波段内辐射总量的星等。不能直接由观测来确定，只能由多色测光的星等结合理论计算求得。把目视星等换算成热星等必须加改正值。随着各波段测光技术特别是大气外观测的发展，确定热星等的精度越来越高。

◆ **绝对星等**

为了比较天体的发光强度，采用绝对星等。绝对星等 M 的定义是，把天体假想置于距离 10 秒差距处所得到的视星等。若已知天体的视差 π（以角秒计）和经星际消光改正的视星等 m，可按下列公式计算绝对星等：$M=m+5+5\lg\pi$。对应不同系统的视星等有不同的绝对星等。

星　风

星风是从恒星的外层大气向外快速运动的带电粒子流（大部分是质子和电子）。星风的概念是从太阳风的启示得来的。星风的存在从恒星光谱中发现了间接证据。如在所有的 M 型巨星和超巨星中，强的吸收线都分成两条谱线：一条宽而浅，另一条锐而深。按照恒星谱线形成的理论，宽而浅的吸收线形成于光球之中；锐而深的吸收线则形成于光球之外的星周物质即包层中。锐而深的星周吸收线相对于光球宽线有一个紫移（又称蓝移），相应的速度为 10 千米 / 秒，说明包层正以此速度向外扩张。锐吸收线形成的包层位于远离恒星光球的地方，可把它解释为星风。事实上双星武仙座 α 的目视伴星的光谱中，也可看到锐的星周吸收线；从谱线位移求得星周包层的运动速度达到 10 千米 / 秒。这表明在距离武仙座 α 主星（M 型巨星）至少 700 天文单位的地方仍存在着吸收物质，且物质的外流速度大于该处的逃逸速度（1 ～ 2 千米 / 秒）。

上述观测资料表明，这些恒星正在抛出热的气壳，以 1000 千米 / 秒的速度向外膨胀。这种现象可认为是存在星风的间接观测证据。星风现象是恒星在演化中逐渐损失质量的过程。星风中粒子的加速各不相同，依赖于恒星的性质。像太阳这样的冷恒星，由于热冕压力和膨胀而产生星风；在 O、B 型星中，快速自转和辐射压对星风的形成起着重要作用。有的恒星因星风而损失的质量是很小的，如太阳的质量损失率是每年 1×10^{-14} 太阳质量（$M_\odot$），吹出的物质的速度 200 ～ 300 千米 / 秒，不足以影响恒星内部结构和演化进程。但星风会不断地带走恒星的自转角动量，对自转起着制动的作用。对于热的亮星，质量损失率是每年 2×10^{-5} 太阳质量，风速为 2000 千米 / 秒。星风对恒星演化的影响仍在深入研究中。

恒星光谱

恒星光谱是恒星辐射分光后的光谱。光谱的形态决定于恒星的物理性质、化学成分和运动状态。光谱中包含着丰富的关于恒星各种特性的信息。

◆ 研究途径

关于恒星本质的知识，几乎都是从光谱研究中得到的。从观测角度来看，主要有3种途径：①证认谱线和确定元素的丰度。②测量多普勒效应引起的谱线位移和变宽，由此来研究天体的运动状态和谱线生成区。③测量恒星光谱中能量随波长的变化，包括连续谱能量分布、谱线轮廓和等值宽度等。这些特性同恒星大气中的温度、压力、运动、电磁过程以及辐射转移过程有关，是恒星大气理论的主要观测依据。

◆ 研究成果

有如下几方面：

谱线证认

一般可根据基尔霍夫定律（分光学的基本定律）将恒星光谱同实验室光谱直接比较后确定产生谱线的化学成分。在恒星光谱中已证认出元素周期表中90%左右的天然元素。

元素丰度

即元素的相对含量，是在证认的基础上根据谱线相对强度或轮廓推算出来的。结果表明，绝大多数恒星的元素丰度基本相同：氢最丰富，按质量计约占71%；氦次之，约占27%；其余元素约合占2%。这称为正常丰度。有少数恒星的元素丰度与正常丰度不同，这与恒星的星族和年龄有关。

视向速度

恒星的许多知识是从视向速度在光谱上产生的多普勒效应的研究中得到的。如密近双星的两子星不能从照片上加以区分，但它们的轨道运动引起谱线位置的周期性摆动，这提供了测定恒星质量的重要方法。视向速度的测量对认识脉动变星的本质起决定性的作用，证明这类星的光变是由于星体的脉动而不是由于掩食引起的。多普勒效应的另一重要表现是对谱线轮廓的影响。恒星快速自转且自转轴同视线相交成颇大角度时，谱线会变宽、变浅，由此发现许多早型星（特别是 Be 星）有快速自转现象。许多不稳定星的物质抛射和气体包层的运动，也在谱线轮廓中显示出来。沃尔夫 - 拉叶星、气壳星、天鹅座 P 型星、新星和类新星等，都具有这类光谱特征。从谱线轮廓形状和宽度的测量得知，新星爆发时物质抛射的速度达到数千千米 / 秒。

磁星

恒星若具有足够强的磁场时，谱线将分裂为两条或更多条支线，它们具有不同的偏振特性，称为塞曼效应。通过这种效应发现了 100 多颗恒星的磁场，强度的数量级为千高斯（1 高斯 =10^{-4} 特），个别的达万高斯。这些星称为磁星，它们大部分是 A 型特殊星。

星际物质

恒星发来的光通过漫长距离的星际空间，所以恒星光谱中还包含有星际气体和尘粒的信息。许多亮星的高色散光谱中，发现有星际物质中的中性钠、钾、铁、钙和电离钛、电离钙以及其他分子的谱线。许多星际谱线是多重的，说明星光经过了好几个具有不同速度的气体云。星际尘粒对星光的影响主要是散射，这种效应对蓝光较强，对红光较弱，因而较远的星显得较红，称为星际红化。通过对红化的测量，可估计尘粒的直径。将红化效应同恒星光谱型进行对比，可粗略地估计恒星的距离。

◆ 恒星光谱分类

大多数恒星光谱连续谱上有吸收线，少数恒星兼有发射线，或只有发射线。恒星连续谱的能量分布、谱线的数目和强度以及特征谱线所属的化学元素，均有极大的差异。恒星的光谱就是根据这些差异来分类的。研究恒星大气的物理特性得知，绝大多数恒星光谱的差异主要不是由化学成分的不同形成的，而是在不同温度和压力下由恒星大气物质的激发和电离状态的变化形成的。建立一个光谱分类系统，通常包括3个步骤：①选择判据，即用来区分不同光谱所依据的光谱特征，如谱线的相对强度；②按照这些判据将足够多的光谱排队，获得标准光谱型序列；③利用恒星的物理特征为光谱型定标，即建立光谱型和物理参量（如温度、光度等）之间的对应关系。因此，光谱分类又可定义为通过恒星光谱特征的比较，对恒星物理特性进行直接估计。常用的分类系统如下：

哈佛系统

美国哈佛大学天文台于19世纪末提出的。这个系统的判据是光谱中的某些特征谱线和谱带，以及这些谱线和谱带的相对强度，同时也考虑连续谱的能量分布。本系统的光谱型用拉丁字母表示，组成如下的序列：

各型之间是逐渐过渡的，每型又分为十个次型，用阿拉伯数字表示：O0,…,O9；B0,…,B9；…这一序列由左到右，对应于温度的下降。最热

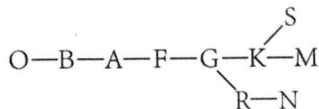

$$O-B-A-F-G-K-M\begin{smallmatrix}S\\R-N\end{smallmatrix}$$

恒星光谱序列

的 O 型星温度约 40000K，最冷的 M 型星约 3000K。序列右端的 S、R 和 N 等分支则可能反映化学组成的差别。由于历史的原因，常把 O、B、A 型称作早型，K、M 型称作晚型，F、G 型称作中型。各型星的颜色和在普通蓝紫波段的主要光谱特征如下：

O 型：蓝白色。紫外连续谱强。有电离氦、中性氦和氢线；二次电离碳、氮、氧线较弱。如猎户座 ι（中名伐三）。

B 型：蓝白色。氢线强，中性氦线明显，无电离氦线，但有电离碳、氮、氧和二次电离硅线。如大熊座 η（中名摇光或破军）。

A 型：白色。氢线极强，氦线消失，出现电离镁和电离钙线。如天琴座 α（中名织女一）。

F 型：黄白色。氢线强，但比 A 型弱。电离钙线大大增强变宽，出现许多金属线。如仙后座 β（中名王良一）。

G 型：黄色。氢线变弱，金属线增强，电离钙线很强很宽。如太阳、天龙座 β（中名天棓三）。

K 型 橙色。氢线弱，金属线比 G 型中强得多。如金牛座 α（中名毕宿五）。

M 型：红色。氧化钛分子带最突出，金属线仍强，氢线很弱。如猎户座 α（中名参宿四）。

R 和 N 型：橙到红色。光谱同 K 和 M 型相似，但增加了很强的碳和氰的分子带。后来把它们合称为碳星，记为 C。如双鱼座 19 号星。

S 型：红色。光谱同 M 型相似，但增加了强的氧化锆分子带，常有氢发射线。如双子座 R。

哈佛大学天文台于 1918～1924 年发表的《亨利·德雷伯星表》（HD

星表）载有20余万颗星的光谱型，其中99%的星属于B～M型，O、R、N、S型很少。还有少数光谱不能归入上述序列，分别记为：P行星状星云，W沃尔夫－拉叶星。新星光谱曾记为Q，但现在已不使用。到20世纪70年代初，全世界按哈佛系统作过分类的恒星总数达90万左右，大部分是按物端棱镜光谱进行分类的。哈佛系统是以温度为主要参量的一元分类。其他物理因素引起的光谱特殊性，一般用附加的"P"来表示。一些具体的光谱特殊性的常用符号为：e有发射线，n谱线很模糊，s谱线很锐，c谱线特别窄而深，k有明显的星际钙线。

威尔逊山系统

20世纪20年代美国威尔逊山天文台根据有缝摄谱仪拍的光谱建立的以温度和光度（或绝对星等）为参量的二元分类系统。按光度分类的物理依据是压力效应，因为物质的电离状态除决定于温度外，还与压力有关。光度高的巨星大气中气体压力较低，物质的电离比在温度相同的光度低的矮星大气中容易，因而会在光谱中表现出来。在这一系统中，光度判据选用一些对光度敏感的谱线对的相对强度。绝对星等的光度级用小写拉丁字母表示：c表示超巨星，g表示巨星，d表示矮星，加在哈佛系统的光谱型符号之前。例如太阳的光谱型为dG2。光度级的这种表示法多见于早期文献，现已很少采用。

摩根－基南系统（MK系统）

二元分类系统

美国天文学家W.W.摩根和P.C.基南等人于20世纪40年代提出并

经多次改进的二元分类系统。所依据的物理参量也是温度和光度。温度型沿用哈佛系统符号。光度级比威尔逊山系统精确，共分七级，用罗马数字表示：Ⅰ超巨星，Ⅱ亮巨星，Ⅲ正常巨星，Ⅳ亚巨星，Ⅴ主序星（矮星），Ⅵ亚矮星，Ⅶ白矮星。如能进一步细分，则在罗马数字后面附加小写拉丁字母来区别，如 Ia 最亮的超巨星，Iab 亮超巨星，Ib 亮度较低的超巨星。MK 系统中太阳的光谱型是 G2V。到 20 世纪 70 年代初，已按 MK 系统分类的星仅 2 万余颗，这主要由于拍摄有缝光谱很费时间。从 1967 年开始，美国天文学家利用物端棱镜对 HD 星表中全部恒星按 MK 系统进行分类。这一工作完成后，按二元分类的星数达到 20 余万颗。

关于第三元的问题

MK 系统中化学组成接近太阳的恒星的分类达到了最高精度。这些星通常称为"正常星"。分类中发现有些星具有各种特殊性，必须用化学组成异常来解释。为了在光谱分类中表示这种差异，需要引入第三个参量。如在星族Ⅰ的 G 和 K 型巨星中，金属含量比星族Ⅱ的星要高。这种差异的较好判据是氰分子的吸收强度，因而用附加符号 GN 和一个由 3（表示 CN 带比正常星强得多）到 -3（表示 CN 带弱到几乎不可见）的数字表示。如果 CN 强度与正常星一样，则省去这种符号。如天龙座 ε 星的光谱记为 G7 Ⅲ bcN-1，这表示 CN 带比正常星稍弱。这种以光谱型（指温度型）、光度级和化学元素丰度为参量的"三元分类"，从 20 世纪 60 年代开始研究，至今还没有形成完整的系统。

其他

由于氢和其他原子的连续吸收，恒星连续辐射能量随波长的分布曲线的形状与黑体辐射仍有明显的差别。氢是最丰富的元素，对于具备有利氢原子吸收条件的恒星，氢原子的束缚－自由跃迁产生的连续吸收对连续辐射的能量分布起重要作用。在巴耳末系（364.6 纳米）处辐射能量向短波方向突然下降，这种现象称为巴耳末跳跃。巴耳末跳跃的幅度与光谱型有关，可用作光谱分类的一个判据。另外，恒星的某些色指数与有效温度或光谱型有关，可用简便的多色测光法测出恒星的色指数，从而确定恒星的光谱型。

沃尔夫－拉叶星

沃尔夫－拉叶星是温度与 O 型和 B 型星相近的一类特殊星，因法国学者 R. 沃尔夫和 G. 拉叶于 1867 年最先发现而得名。简称 WR 星或 W 星。这类星为数不多，截至 2018 年，在银河系中共发现 158 颗。在大麦哲伦云中有 154 颗，小麦哲伦云中有 12 颗，M33 中有 25 颗。沃尔夫－拉叶星有强连续谱和强而宽的中性氦、电离氦及各次电离碳、氮、氧的发射线，氢发射线很弱，有些发射线的紫端有吸收线。从发射线的轮廓和宽度，可知有物质以 1000 ～ 2000 千米 / 秒的速度不断从星体流出，有时甚至高达 3500 千米 / 秒，并在星体周围形成运动着的延伸包层。在可见光波段，大多数 WR 型光谱可分为氮序和碳序。氮序光谱中电离氮线占优势，记为 WN；碳序光谱以电离碳和氧线为主，记为 WC；两序均有强的氦线。有些星兼有氮和碳线，记为 WN-C。在大气外进行的紫外观测也发现，原来被划入 WC 序的船帆座 γ2 星，却具有 WN 序所特有的三次电离氮的强紫外发射线。这些都表明 WN 序和 WC 序的划分是不严格的。表明这两序光谱的差别，不完全是由于 C、N、O 的含量不同，而和恒星大气中的物理条件有关。

很多 WR 星与 O、B 型星成协，这说明 WR 星是年轻的恒星。另外，由谱线强度的测量求得，WR 星大气中氦 - 氢含量比超过正常星的几十倍，说明大部分氢已转变成氦，因此 WR 星看来已经历了氢燃烧阶段，进入了恒星演化的晚期。这一结论与 WR 星是年轻星的结论并不矛盾，因为从若干包含 WR 星的双星的研究得知，WR 星的质量约为 10 太阳质量。考虑到质量损失，这种星的初始质量应在 20 太阳质量以上。这种大质量星演化很快，因此，它们虽然已度过大半生，但绝对年龄还是年轻的。

天鹅座 P 型星

天鹅座 P 型星是一种光谱具有特殊发射线、光谱型大部分是 B 型、气壳向外膨胀的恒星。天鹅座 P（天鹅座 34），中文名天津增九，是这种恒星的典型代表。天鹅座 P 的目视星等为 4.9 等。发现于 1600 年，当时的目视星等增亮 3 等，一度被看作新星。以后光度有一系列不规则的变化，大约在 1715 年以后开始稳定下来。它是一颗具有特殊发射线的、光谱分类为 B1 Ⅰ a 的超巨星。关于它的各项参数颇有争议。1979 年的一项研究认为，它的距离为 1.8±0.7 千秒差距，绝对热星等为 -8.9±1.4，表面有效温度为 17000±3000K，半径为 60±30 倍太阳半径，质量为 40±20 倍太阳质量。这颗星不断有物质抛出，质量损失率约 $3×10^{-5}$ 太阳质量 / 年。抛出的物质在周围形成向外膨胀的气壳，气壳密度比较稀薄，具备产生复合光谱的条件。天鹅座 P 型星的光谱结构很特殊，在发射线的短波端有一条吸收线，偶尔在某些光谱成分处有两条吸收线。吸收线的紫移说明气壳不断向外膨胀，两条吸收线的出现说明有两个不同速度的气壳同时存在。根据各种元素的吸收线计算所得的气壳膨胀速度在 30 ～ 250 千米 / 秒，并已测得天鹅座 P 的红外和射电辐射。

B 型发射星

B 型发射星是光谱中除普通吸收线外还有发射线的 B 型主序星。符号为 Be。1866 年，意大利天文学家 A. 塞奇注意到，仙后 γ 光谱中 Hβ 是发射线，从此开始了 B 型发射星的研究。1922 年，国际天文学联合会第一届大会上正式命名为 B 型发射星。Be 星的光谱属于早 B 型，最常见的发射线是氢线，尤其是 Hα 和 Hβ 线。有时也有氦和一次电离铁、镁等的发射线，一般不出现禁线。个别 Be 星的光谱在数天之内就会发生变化。Be 星的光谱中有的出现多条发射线，这类 Be 星占 10% ～ 20%，其中以 B3 次型所占比率最大。

Be 星的光谱特征如下：①发射线比吸收线窄，常重叠在吸收线上，且呈单峰或双峰状，有的具有复杂形状。紫外光谱常呈天鹅 P 型轮廓。②双峰发射线中波长较长的峰称为红峰（以 R 表示），波长较短的峰称为紫峰（以 V 表示），比率 V/R 表示双峰之比。V/R 的变化是无规则的。③发射线强度对近旁连续谱强度之比 E/C，常按 V/R 的变化方式而变化。大约 70% 的 Be 星有 0.1m（视星等）的光变。Be 星的绝对星等 M_v 从 B2e 的 –3m 到 B9e 的 0m，在赫罗图上它们位于主序之上大约一个星等，在演化上可能处在脱离主序之后的阶段。

已知最亮的 Be 星是水委一，即波江座 α（α Eri），目视星等为 0.48 等，距离为 39 秒差距。大多数 Be 星的发射线强度和形状具有缓慢而不规则的变化。这些变化均无明显的周期现象。此外，还发现某些 Be 星发射线轮廓中有时标短到一分钟左右至几十分钟的快变化。快速自转是 Be 星的一个重要物理特征。自转速度平均比相应光谱次型的 B 型主序星大 100 千米 / 秒。

多数 Be 星有十分之几个星等的光度变化。光变的周期长而不规则，很难得到完整的光变曲线。据统计，Be 星的光度比主序星高 1～1.5 星等，并有紫外色余。有人解释这是重力昏暗效应引起的，它使 Be 星的谱型变晚并比相应谱型更亮。

Be 星的空间分布与 B 型星相似。有些 Be 星是分光双星或食双星。对 Be 星射电观测发现，若干特殊的 Be 星与射电源有密切关系。现已公认 Be 星有星周包层。Be 星的经典模型是：一个快速自转的中心星，外面包着一个跟着自转的延伸气盘。有很多人认为，Be 星是有质量交流的双星，这一说法似乎能更好地解释 Be 星的现象。

气壳星

气壳星是具有气壳光谱的热主序星。气壳星光谱型通常在 B～F。

气壳光谱的主要特征是存在锐而深的氢、中性氦以及一次电离硅、铁、钛等吸收线。同时还具有强的发射线。光谱的不规则变化表明气壳在活动，而且部分吸收线的轮廓并不对称。有的气壳星谱线的长波端陡峭上升，而短波端平缓上升；有的气壳星谱线情况相反。气壳大概的形成过程是：星体快速自转，引起星体的不稳定，于是物质从星体抛射出去，在星体周围形成气壳。著名的气壳星有天秤座48、金牛座ζ、金牛座28等。

A 型特殊星

A 型特殊星是光谱中除普通吸收线外，还有电离硅、电离锰、电离铬、电离锶、电离铕以及其他一种或几种稀土元素产生的特别强电离谱线的 A 型主序星。符号为 Ap。19 世纪末在进行恒星光谱分类时发现 A 型特殊星。通常，还可以按照产生特强谱线的元素名称，把 A 型特殊星进一步分为硅星、锰星等等。A 型特殊星的光谱中，电离钙的 K 线和中性氧线一般较弱。A 型特殊星的光谱型为 B8 ～ F0，大多数为早 A 型。A 型特殊星都具有很强的磁场。例如 HD215441 的磁场高达 34400 高斯（1 高斯 $=10^{-4}$ 特）。A 型特殊星的磁场（包括强度和极性）似乎经常发生变化。

一部分 A 型特殊星的光谱和光度有周期性变化；同时，其磁场也有周期性变化，周期为 1 ～ 25 天，光变幅常小于 0.1 个星等。A 型特殊星的典型星是猎犬座 α^2 星，因此也称为猎犬座 α^2 型变星。最亮的 A 型特殊星是大熊座 ε，中名为玉衡（北斗五）。

除了光谱和磁场外，A 型特殊星与正常 A 型主序星没有显著的不同。A 型特殊星的理论解释中最有名的是"斜转子模型"。按照这个模型，

A 型特殊星的磁轴和自转轴成一较大的角度，同时，星面上不同区域的元素的丰度也很不一样。因此，当恒星自转时，就可观测到磁场和谱线强度的变化。A 型特殊星属于星族 I。已经测到来自 A 型特殊星武仙座 φ 的 X 射线。

金属线星

金属线星的金属谱线很强，近似于 F 型星，但其氢线却近似于 A 型星，而且由不同光谱区定出的光度级也很不相同，由短波段求得的光度级比由长波段求得的高，是一类特殊星。符号为 Am。金属线星的金属谱线，尤其是铁和稀土元素的谱线既强又多，但尚不能断定这种现象是否由于这些金属元素丰度高所致。金属线星一般是短周期（小于 300 天）的分光双星，其中一个子星是不可见的矮星，大气湍流高，光谱常有变化，比正常的 A 型星自转要慢。金属线星的有效温度、光度、质量和半径看来同主序星并没有什么区别，只是在演化过程上离主序星略远一点而已。典型的金属线星如五车三（御夫座 β）的甲、乙两子星和摩羯座 δ 等。

共生星

共生星是在光谱中既出现冷星低温吸收线又出现热天体高温发射线的恒星。共生星的存在表明同一个天体上同时存在可见光波段温度低于 4000K 左右的物质和温度高于 20000K 的物质。1941 年美国天文学家 P.W. 梅里尔首先把这种光谱性质很不相同但又互为依存的星取名为共生星。

共生星的光变具有准周期的类新星爆发特征，并有小振幅的快速非周期光变。1969 年，苏联天文学家 A.A. 博亚尔丘克提出共生星的三个判据：①晚型星光谱的吸收线（如 TiO 带，CaI，Ca II 等）。②He III、O III 或更高电离电势原子的发射线（发射线的宽度不超过100 千米 / 秒）。③亮度的变化在几周内达到三个星等。已发现的共生星约有 50 颗，研究最早的和典型星是仙女座 Z，共生星有时又称作仙女座 Z 型星。有一颗共生星特具魅力，即宝瓶座 R，它有一条长约1500 天文单位、以 2000 千米 / 秒的速率从中央恒星向外运动的狭窄喷流。共生星的光度与光谱变化有一定的相关性：往往当光度增强时，晚型吸收谱和高激发发射线减弱或消失，B 型气壳谱增强；当光度变弱时，晚型吸收谱和高激发发射线又重新出现或加强。共生星的空间分布与行星状星云相似，集中在银道面附近，属年龄较老的盘星族。

共生星中既有很多变星，也有一些再发新星。它是单星还是双星一直有争论。单星说认为共生星是小而热的蓝星，周围有一个变化的星周壳层。双星说认为共生星是由一颗晚型冷星和一颗低光度的热星组成，它们有一个共同的气体包层；假定冷星是正常巨星，则热星在赫罗图上位于主星序的下方，与行星状星云的中心星、某些新星的热子星位置相近。用 X 射线、紫外、可见光、红外到射电波段对共生星进行了大量观测，积累了许多资料。共生星最可能的解释是，这样的"恒星"是密近双星系统（甚至可能是半接双星），其中冷子星的物质下落到白矮星（也可能是中子星或主序星）伴侣上形成一个热斑。热斑的辐射使下落的气体电离，从而辐射出热气体特有的发射线光谱。

速逃星

速逃星是一类比周围其他恒星具有反常高的速度穿越空间的高速星。其空间速度反方向指向一个星协，暗示它们是从星协中逃离出来的成员星。通常光谱型是年轻的 O 型或者 B 型。1952 年，天文学家在 OB 星协天蝎座 OB2（Sco OB2）附近识别出一颗光谱型为 O9.5V 恒星蛇夫座 ζ（ζOph），以其投影旋转速度高达 400 千米 / 秒的速度逃离星协天蝎座 OB2（Sco OB2）。到 1961 年，布劳在星协猎户座 OB1（Ori OB1）附近的光谱型为 O 和 B 的早型星族中，陆续发现三颗著名的近邻速逃星［御夫座 AE（AE Aur）、天鸽座 μ（μ Col）、白羊座 53（53 Ari）］，它们以 100 千米 / 秒的速度相互离开彼此（而太阳的运动速度比本地平均速度快 20 千米 / 秒）。 1987 年，天文学家统计发现银河系大约五分之一的大质量 O 型和 B 型星属于速逃星。它们的起源问题困惑天文学家近半个世纪。

已发现有两种主流的形成机制：①双星－超新星通道。在大质量双星系统中一颗成员星发生超新星爆炸之后导致伴星获得很高的速度；②动力学弹射通道。速逃星获得高的速度主要通过与其他一颗或多颗星之间的动力学相互作用，其中两颗短周期双星系统之间的碰撞是最有效碰撞。这两种机制的相对重要作用一直处于激烈的争论之中。直到 1997 年，依巴谷卫星对近邻恒星的天体测量和甚长基线射电干涉（VLBI）

对脉冲星的天体测量可以推导它们的形成机制。发现速逃星 ζOph 的轨道与近邻的一颗脉冲星 PSR J1932+1059 是相交的，推测这颗脉冲星是双星系统中发生 II 型超新星爆炸后的残骸，而 ζOph 是其中的那颗伴星。发现近邻速逃星 AE Aur、μ Col 与大质量离心双星猎户座 ι（ιOri）是双星 - 双星碰撞的结果，从而产生这两颗速逃星。2011 年，日本国立天文台藤井美智子等人，提出在恒星级星团中心单星与双星之间强引力作用模型，该模型可以解释银河系中 OB 速逃星的关键特征，并预言在年轻恒星星团 R136 附近可以出现 100 个太阳质量的速逃星，认为银河系绝大多数 OB 速逃星起源于在 100 万年前经历的银河系坍缩的恒星星团。

21 世纪以后，空间天文设备拍摄到速逃星在空间高速运动时产生的壮观天文现象，斯皮策空间望远镜发现速逃星 ζOph 以高的空间速度扫过富尘埃区域时，在运动方向上产生的弓形激波。2017 年，Gaia 卫星已探测到了 13 颗新的 O 型速逃星，对于揭示速逃星的形成机制有很大帮助。

速逃星 ζ Oph

碳　星

　　碳星是恒星表面碳原子数目多于氧原子数目（C/O > 1）的巨星支恒星。这类恒星由碳元素结合所形成的分子及碳尘埃包裹，是星际介质中重要的碳来源之一。光谱上可见明显的 C_2、C_3、CN、CH 和 SiC_2 等分子谱线。

◆ **分类**

　　碳星可分为 R、N、J 和 CH，以及特殊的 CEMP 类型。R 型碳星在赫罗图上处于红巨星区域，与太阳元素丰度相比具有更小的碳同位素比（$^{12}C/^{13}C < 15$），没有明显的慢中子俘获过程（s 过程）元素增丰，如钡元素等，主要为单星。N 型碳星在赫罗图上处于渐进巨星支区域，具有与太阳丰度接近的碳同位素比，可观测到明显的慢中子俘获过程元素增丰。J 型碳星在赫罗图上处于渐进巨星支区域，但光谱与 R 型碳星相似，具有较小的碳同位素 $^{12}C/^{13}C$ 比，没有明显的慢中子俘获过程元素，但 $^{12}C/^{13}C$ 之比较之于 R 型碳星更小同时伴随有较高的锂元素增丰。CH 型碳星处于双星系统中，在赫罗图上处于红巨星区域，光谱上具有强烈的 CH 吸收线以及慢中子俘获元素吸收线。具有较大的运动速度，主要分布在银晕中，被认为属于星族 II 贫金属星。

　　富碳贫金属星（CEMP）是碳星中的一个特殊类别，通常处于银晕之中，金属丰度 Fe/H < −1，碳丰度 C/Fe > +1。与碳星类似，部分富碳贫金属星可观测到慢中子俘获过程元素增丰甚至快中子俘获元素增丰，但仍有部分富碳贫金属星没有观测到任何慢中子俘获元素增丰。富碳贫金属星是研究银河系早期恒星演化的重要标本。一部分富碳贫金属星被认为是更低金属丰度的 CH 星，但仍缺乏确凿和完备的理论依据。

◆ **形成**

根据恒星演化理论，碳星的形成可以分为单星演化渠道和双星演化渠道。在小质量恒星主序阶段，恒星表面氧原子数目多于碳原子数目。在红巨星阶段，恒星内部通过氦燃烧可以生成碳元素，却难以通过对流等形式搬运到恒星表面，因此恒星表面仍然具有与主序相近的碳氧元素丰度。只有当恒星演化到渐进巨星支阶段，恒星氦燃烧层所生成的碳及慢中子俘获过程元素会随着外壳层对流搬运到表面，从而增加了表面碳元素及慢中子过程元素的丰度，这种渠道主要生成 N 型碳星。双星演化渠道则更为丰富，一种情况是双星中质量较大的恒星演化到渐进巨星支阶段时，由于星风作用或洛希瓣物质转移，渐进巨星支恒星表面富含碳及慢中子俘获过程元素的物质被转移到仍然处于主序阶段的伴星表面，使得主序星碳元素及慢中子俘获过程元素含量增加。在随后的演化中，渐进巨星支恒星演化为白矮星，主序伴星演化到红巨星阶段成为碳星。如果这一双星演化过程发生在星族 II 贫金属恒星之间，则为 CH 碳星；如果发生在星族 I 恒星之间，则为钡星或部分 J 型碳星。另一种情况是氦白矮星与红巨星发生公共包层并合形成碳星。随着小质量双星的演化，其中一颗将率先演化为氦白矮星。当伴星继续演化到红巨星阶段时，恒星将充满洛希瓣，并通过内拉格朗日点向氦白矮星转移物质。如果物质转移的时标小于恒星的热时标，这种物质转移是动力学非稳定的，氦白矮星将很快被包裹进红巨星内部，形成公共包层。随后氦白矮星与红巨星氦核进一步靠近并释放引力势能及转移角动量到公共包层，引发公共包层不断损失物质。在氦白矮星与氦核逐渐靠近直至并合之前，如果转移的能量和角动量能够将公共包层完全抛射掉，则形成双氦白矮星系统；如果转移的能量和角动量不能将公共包层完全抛射掉，将形成一颗与红巨星类似的恒星，其中心是氦白矮星与氦核并合所形成的并合核，而外部仍然包裹着之前红巨星留存的氢包层。与通常的红巨星不同，中心氦核的并合所爆发的强烈氦闪耀将驱动足够深的对流，这一对流将氦燃烧所生成的碳搬运到恒星表面，形成富碳表面。但该过程由于没有合适数密度的中子源，不足以发生慢中子俘获过程，因而没有慢中子俘获过程元素生成。这一渠道可以生成 R 型碳星或 J 型碳星，具体的机制尚待更细致的研究。

第 3 章
亮星

天 狼

天狼星是全天最亮的恒星。由甲、乙（亦作 A、B）两星组成的目视双星。星表编号为：Hip32349，HR2491，HD48915。西方星名大犬座 α（αCMa）。甲星是全天第一亮星，视星等为 -1.44 等，属于主星序的蓝矮星。乙星一般称天狼伴星，是白矮星，质量比太阳稍大，而半径比地球还小，其物质主要处于简并态，平均密度约 $3.8×10^6$ 克/厘米^3。甲乙两星轨道周期为 $50.090±0.056$ 年，轨道偏心率为 $0.5923±0.0019$。天狼星距地球为 $8.60±0.03$ 光年。1834 ～ 1844 年，F.W. 贝塞尔注意到天狼星的运动。1862 年，美国人 A. 克拉克用当时世界上最好的望远镜测到天狼星的伴星，称为天狼星乙。1920 年，W.S. 亚当斯拍到了天狼星乙的光谱，命名为白矮星。1930 年，S. 钱德拉塞卡对白矮星做出理论解释。1999 年 10 月 28 日钱德拉 X 射线卫星拍了天狼星乙的像，乙星比甲星亮得多，其表面温度为 25000K。天狼星是否是密近双星，与天狼双星的演化有关。天狼星甲的质量为两个太阳质量，乙星与太阳质量差不多。古代曾经记载天狼星是红色的，这为人们提供了研究线索。1975 年发现了来自天狼星的 X 射线，有人认为这可能是乙星的几乎纯氢的大气深层的热辐射，有人则认为这可能是由甲星或乙星高温星冕产生的，相关研究仍在继续。

老人星

老人星是船底座 α 星（αCar）。全天第二亮星，南半天球最亮的星，目视星等为 -0.62。星表编号为：Hip30348，HR2326，HD45348。光谱型为 F0 II，距离地球约 312 光年。又称南极老人、寿星。船底座是令人印象深刻的星座，有全天第二亮导航星——老人星，又位于银河亮丽的部分。船底座 α 星是南半球夏季傍晚的主要亮星，赤纬是 -52° 41′ 44″，对南纬 40° 来说是永不下落的星。希腊时代，船底座是天舟，名为亚格号，是非常巨大的星座。到 18 世纪，法国人 N.L.de 拉卡伊把天舟座分成三个星座：船底座代表船的龙骨，老人星就是船舵；另外还有船帆座和船尾座，在船底座的北边。老人星是白色超巨星，直径是太阳的 30 倍，光度是太阳的 10000 倍以上，质量仅为 $10M_\odot$。NGC3372（船底座 η 星云）是大而明的弥漫星云，宽度约有满月的 4 倍，环绕在船底座 η 星周围。船底座 η 星云用肉眼可见，背景是银河，用双筒镜观测更佳。有条 V 形的黑暗尘线穿过这个星云。

南门二

南门二是全天第三亮星，目视星等为 -0.01。星表编号为：

Hip71683，HR5459，HD128620。西方星名半人马座 α（αCen）。实际
上南门二是由甲、乙、丙（亦作 A、B、C）三星组成的目视三合星（星
等为 -0.28c，c 为多星组合星等）。丙星即半人马座比邻星，是距离太
阳系最近的恒星。甲、乙两星都是特亮星，据计算二者在 1980 年初的
角距为 21.79″，到 2000 年初将减为 14.20″。丙星约 11 等，离甲星
约 2.2°。甲星是黄矮星，乙星是红矮星，甲乙两星目视双星的轨道周
期为 80.089 年，轨道半长轴 17.544″（相当于 23.5 天文单位），轨道
偏心率 0.5208。丙星即半人马座比邻星。南门二的光度、大小、质量均
比太阳稍大（约 10%），和太阳十分相似。而第二伴星是质量为太阳
60% 左右的 K 型主序星。比邻星是 M 型矮星，是鲸鱼座 UV 型耀星，
它的变星名称为半人马座 V645。据 1978 年发表的天体测量研究结果，
甲乙两星距离地球 1.333±0.009 秒差距（4.35±0.03 光年），丙星距离
为 1.295±0.007 秒差距（$4.22^{+0.03}_{-0.02}$ 光年）。天文工作者通过高能天文台 2
号卫星已分别测得南门二甲星和乙星的 0.15～3.0 千电子伏波段 X 射线。
有人认为这种 X 射线也许和星冕有关。

大　角

大角是全天第四亮星，北半天球第一明星，目视星等为 -0.05v
（v 代表变星），最亮的红巨星。星表编号：Hip69 673，HD124 897。
又称牧夫座 α（αBoo）。大角到太阳的距离 36.7 光年，表面温度
Tc=4290K，直径是太阳的 24.5 倍。角直径为 0.0201 角秒，是照相和用

光电方法测视向速度的标准星。英国剑桥大学天文台 1968 年出版了波长范围 360 ～ 882.5 纳米的《大角星分光光度测量图册》。由分析得知，它的大气中碳同位素含量比值 $^{12}C/^{13}C$ 约为 6，比太阳系相应值 89 小很多，这反映了它的化学演化的特殊性。此外，据 1979 年发表的研究结果得知，太阳、大角和球状星团 M13 中某一红巨星之间的金属丰度对比约为 40：10：1，因此可根据元素的丰度把大角星归为中介星族 II 恒星。不仅由光谱观测了解到大角在向外抛失物质，而且用 1.5 米太阳塔作光导摄像管天体分光光度测量，发现质量损失率变化很大。通过人造卫星和火箭的红外线检测，已在大角光谱的紫外线区、可见光区、红外线区发现了发射线。美国用 2.7 米望远镜在 1978 年几个月间测得大角 He I 10830 线由天鹅座 P 型轮廓逐渐变成吸收线，后来完全消失，然后又成发射线。这表明大角色球温度达 15000 ～ 20000K，色球活动比太阳的强得多，说明大角也是某一种光谱变星。大角星的质量（以太阳质量为单位）仍未定准，现有各种数值：0.1 ～ 0.6；0.7 ～ 1.7；0.61±0.32；0.6 ～ 1.3 等。

织女一

织女一是全天第五亮星，目视星等为 0.03，绝对星等为 0.58。星表编号为：Hip91262，HR7001，HD172167。西方星名天琴座 α（αLyr）。中国民间和天文界简称织女星。阿拉伯称为秃鹫星，西方亦称竖琴星。它是北半天球亮度仅次于大角的明星，也是北半天球最亮的早型星，是全天第五颗亮星。它与牛郎星和天鹅座 α 构成夏季"大三角"，距地球为 25.3 光年。虽然它从 1953 年以来一直是光电测光和 MK 光谱分类的标准星，但多年的测光研究表明，它是一颗变星，蓝、黄光波段变幅达 0.08 星等，不过它的变星分类和变光规律尚待深入探讨。此外，它的视向速度也有显著变化。织女星光谱分类为 A0 V，虽比天狼甲星的 A1 V 早，但表面有效温度 9660K 却比后者的 9970K 低，而半径同典型 A0 V 恒星比较又稍大，可见织女星的演化进程似乎已经离开初始主星序。通过探空火箭和高能天文台 1 号卫星已发现了来自织女星的软 X 射线。1979 年发表的研究得出 0.15～0.8 千电子伏的 X 射线光度约 $0.3×10^{22}$ 焦/秒（太阳在同一波段的光度约小于 $0.01×10^{22}$ 焦/秒），这反映织女星可能存在星冕。1984 年发现有冷气体盘围绕织女星，2002 年用毫米波拍摄了织女星的像，发现一个半径为 95 天文单位（AU）的原行星盘。

五车二

五车二是全天第六亮星。视星等为 0.08v（v 代表变星）。距太阳 42 光年。星表编号为：Hip24608，HR1708，HD34029。西方星名御夫座 α（αAur）。五车二是最亮的短周期双星，亦是由一对黄巨星组成的密近双星（G0 III +G5 III）。轨道周期为 104.023 天。轨道近似圆形，倾角约 137°。五车二又近又亮，而且是包含非主序星的双谱分光双星，为此成为检验天文新技术、恒星大气和恒星内部结构理论的重要天体。英国天文学家 A.S. 爱丁顿在 20 世纪 30 年代研究恒星质光关系时，就曾利用了五车二的基本参量，并写入其名著《恒星内部结构》（1926）一书中。后来有人发现它的可见光波段亮度有周期300多天的小幅变化。用光斑干涉法已经能够在照片上分辨五车二的两颗子星。1977年，法国发表了用两架望远镜所做的干涉观测，测出两子星角直径分别为5.2±1.0毫角秒和4.0±2.0毫角秒。由于光谱技术，特别是空间天文技术的进展，不仅确认五车二是活动色球星，而且探测了它的星冕。1975年，报道用火箭发现了五车二的X射线连续谱辐射。1978年，高能天文台1号卫星测得五车二有强烈的0.85千电子伏X射线发射谱线，这可解释为是由温度约10^7K、化学成分为太阳型的等离子体中包含Fe XVII在内的离子所产生的。1979年，高能天文台2号卫星还测到Mg XI、Si XIII和S XV离子所产生的X射线发射谱线，为研究主星序后密近双星和星冕物理提供了重要资料。

参宿七

参宿七是全天中第七位的亮星，最亮的蓝超巨星，视星等为0.18v（v代表变星）。星表编号为：Hip24436，HD34085。西方星名猎户座β（βOri）。参宿七拉丁语名为Rigel，源自阿拉伯语，有"左腿"的含义。半径为太阳半径的77倍。表面积虽比参宿四小，但由于表面温度高，T_c=12000K，光谱型为B8 I a，总辐射能量却比参宿四大，为太阳光度的38370倍。距地球863光年。目视星等在0.08～0.20变化。最亮时成为猎户座的第一亮星，光度变化规律有待研究。参宿七属于猎户座

OB1 星协。光谱中 Hα 线的位置和强度都有显著变化。Hα 线有时为吸收线，有时为天鹅座 P 型谱线，说明这个高温超巨星大气在剧烈运动和向外膨胀。从紫外光谱推断，它除了存在较平稳的星风外，还在不规则地喷出一团团物质，这些物质有时在它周围形成一个膨胀气壳。

南河三

南河三是全天第八亮星，目视星等为 0.38 等。星表编号为：Hip37279，HR2943，HD61421。西方星名小犬座 α（αCMi）。南河三在《史记》中已有记载。英文名为 Procyon，意思是"在狗前方"（before the dog），此名的由来可能与大犬座的 β 星军市一相同：因升起时间在天狼星之前，预告了天狼星即将出现（在西方天狼星曾被称为 Dog star）。南河三呈黄白色，光谱型为 F5，从地球到它的距离是 11.4 光年，为靠近太阳的恒星之一。它类似参宿七（猎户座 β）靠近赤道，赤纬 +5°，除南极外地球上各地都能看见。它的表面温度 7000K，比太阳亮 7 倍，直径和质量是太阳的 2 倍。南河三和天狼星一样是一颗双星，且其伴星和天狼星的一样是白矮星，亮度 10.3 等，每 41 年公转一周。这颗伴星密度极大，约为水的 12 万倍。由于它与南河三非常接近，用大型天文望远镜才看得见。南河三与猎户座的参宿四及大犬座的天狼星构成"冬季大三角"，是冬天星空中重要的标记。此外，南河三亦是"冬季大椭圆"的星星之一，其他成员有大犬座的天狼星、猎户座的参宿七、金牛座的毕宿五、御夫座的五车二以及双子座的北河三。

参宿四

参宿四是全天第十亮星，视星等为 0.45。英文名 Betelgeuse，源自阿拉伯文，"腋下"的意思。星表编号为：Hip27989, HR2061, HD39801。西方星名猎户座 α（αOri）。参宿四是天上最亮的光谱型为 M II a - I ab 的红超巨星，为参宿座 7 颗亮星中唯一的红星，其余亮星均为蓝色或蓝白色的高温星。参宿四直径平均为太阳的 650 倍，温度为 3100K，距太阳为 430（±100）光年。可见光亮度是太阳的 1 万倍，该波段辐射仅占 13%，故其热光度是太阳的 4 万或 10 万倍。质量为太阳的 20 倍，但质量损失很大，约为 10^{-5} 太阳质量。属半规则变星，周期约 2070 天。光球平均视向速度变化周期约 5.78 年，光谱型变化于绝对星等 $M 1.5 \sim 2.7$。它是第一个直接用恒星干涉仪测定角直径的恒星。1966 年就已发现它是射电星。射电频谱观测表明，它既有大气射电，也有恒星圆面射电。通过 2.1 米望远镜电视分光装置观测，发现它周围已形成极厚的气壳，至少伸展到本星半径约 600 倍处，表明该星向星际空间抛出了大量物质。还有人认为它至少有两个星周壳层，分别离本星约 50 和几百个半径处，膨胀速度分别约每秒钟 11 千米和 17 千米。1995 年 3 月哈勃空间望远镜用紫外波段拍摄了它的图像，发现它的大气中有"沸腾"的巨大的对流团。1998 年用射电望远镜（VLA）观测了它的图像，发现巨大对流团使气体由表面进入大气，这些结果改变了恒星大气均匀膨胀的基本认识。它已离开主星序进入红巨星阶段，历史上和现代天体物理都特别重视它。

河鼓二

河鼓二是全天第十二亮星，视星等为 0.76v（v 代表变星），绝对星等 -2.24，又称牛郎星或牵牛星。星表编号为：Hip97649，HR7557，HD187642。西方星名即天鹰座 α（αAql）。河鼓二是天鹰座的主星，与织女一（即天琴座 α）和天津四（天鹅座 α）构成"夏季大三角"。距地球 16.8 光年。赤道直径是太阳的 2.03 倍，极地直径是太阳的 1.68 倍，表面温度 T_c=7550K，发出黄白色的光芒，质量为太阳的 1.7 倍，光度是太阳的 10.7 倍。全波辐射光度为 10.5 倍太阳光度。牛郎星、织女星的美丽神话盛传中国民间。天鹰座的 α 和 β、γ 星形成一副担子，传称是牛郎担着他们的儿女。牛郎星是 UBV 光电测光标准星之一，但按 MK 光谱分类，不同文献分别列为 A7 Ⅳ～ A7 Ⅴ。牛郎星在急速自转，赤道区的速度为 210 千米 / 秒，旋转力令星球赤道地带凸出，使星球的形状变成椭圆形，星球赤道位置的直径比南极或北极位置的直径长 14%，这是科学家第一次观测这种形状的星球。据 2005 年发表的资料，河鼓二是矮造父变星，轨道周期的初步值约 12.5 年，偏心率约 0.39，轨道倾角约 85°，伴星的质量约为 0.05 太阳质量。

毕宿五

毕宿五是全天第十四亮星，视星等为 0.87v（v 表示变星），绝对星等 M_v=-0.63。它有近 10 种名称，主要星表编号为：Hip21421，HR

1457，HD29139 和 FK5168。西方星名金牛座 α（α Tau）。毕宿五位于星座金牛头部眼睛的位置，俗称金牛眼。古代阿拉伯称为"追随者"，它随着昴星团升起，总是跟随着昴星团。距离太阳为 65.1 光年。光谱型为 K5 Ⅲ，是晚型巨星，呈橘红色，有效温度为 3800K。冬夜亮星中最红、最早出现在东方地平的恒星。毕宿五因位于月球白道附近，常有被月球掩盖的掩星现象，称为月掩毕宿五。毕宿五已燃烧完内部的氢，并将氦合成为碳，已离开主星序，膨胀到半径为 50 个太阳半径。它是慢的不规则脉动变星，星等变化仅有 0.2。它有一颗红矮伴星（光谱型为 M2 Ⅴ），质量为 0.15 太阳质量，轨道半径 607AU。1997 年发现它有一颗巨行星伴星，距离为 1.65 天文单位，周期为 654 天，质量约 $11M_J$（M_J 为木星质量）。

毕宿五

角宿一

角宿一是全天第十五亮星，视星等为 0.98v（v 代表变星）。星表编号为：Hip65474，HR5056，HD116658。西方星名室女座 α（αVir）。角宿一是三垣二十八宿第一宿的第一星，到地球的距离是 262 光年，光度为太阳的 2128 倍。轨道周期为 4.0145 天的双谱分光双星兼测光双星，光谱型为 B1 Ⅲ +B2 Ⅴ，是质量较大的密近双星。目视星等总变幅为 0.09

（1968年），变光的主要原因是甲乙两颗非球状子星的公转，即椭球双星的变化，次要原因包括甲星的脉动。甲星的脉动周期为 0.1738 天，属于仙王座 β 型变星，脉动所造成的亮度变幅和视向速度变幅有不稳定现象。双星轨道面的倾角约 65.9°，轨道半长轴为 27 倍太阳半径，偏心率为 0.13，近星点运动周期为 143±20 年。

北落师门

北落师门是全天第 18 亮星。南天区的南鱼座中拥有两个星周尘埃盘和一颗系外行星候选体的复杂三星系统。在标准历元 J2000 赤道坐标系中，北落师门 A 的赤经 22 小时 57 分 39.05 秒，赤纬 −29 度 37 分 20.05 秒；北落师门 B 的赤经 22 小时 56 分 24.05 秒，赤纬 −31 度 33 分 56.04 秒；北落师门 C 的赤经 22 小时 48 分 04.47 秒，赤纬 −24 度 22 分 07.5 秒。

北落师门 A 是 1000 多年前就在中国和阿拉伯古籍中记载过的星宿。视星等 1.16，为 A3 型的年轻主序星（4.4 亿年），距离太阳系 25 光年（7.7 秒差距），周围有一个延展到 158 天文单位（AU）的椭圆环状尘埃盘分布在恒星赤道平面上。自 1943 年，它一直是 MK 光谱分类系统的标准星。2008 年 11 月，P. 卡拉斯等人在哈勃空间望远镜的可见光数据中首次通过直接图像证认的方式，在靠近外部尘埃环内侧，距北落师门 A 星 177AU 的位置上，发现了一颗质量上限为 3 倍木星质量的系外行星候选体。因尘埃覆盖，多年的后续观测确认该候选体不是一个完整的行星而是因引力束缚形成的松散的岩屑堆。

北落师门 B 原名南鱼座 TW，是一颗具有高自行，视星等 6.48，K4 型且与主星 A 同龄的年轻主序耀星，其光变周期 10.3 天。自 1997 年，被证认为与北落师门 A 形成物理双星，与主星 A 距离 0.91 光年（0.28 秒差距）。

北落师门 C 原名 LP 876-10，是一颗具有高自行，视星等 12.62，M4 型主序红矮星，也是唯一一颗位于宝瓶座的成员星。虽然在天空中它与子星 A 相距 5.7 度，但是在 2013 年 10 月，E.E. 玛玛雅克等人证实了它与子星 A 和 B 共同构成一个三星系统。同年 12 月，G.M. 肯尼迪等人通过赫歇尔空间望远镜的红外观测在子星 C 周围发现一个冷尘埃盘。

因新的观测证据，古老的北落师门星宿，作为极其罕见的拥有两个尘埃盘的多星系统的典型代表，重新引起了天文学家的广泛关注。

天津四

天津四是全天第 19 亮星。天鹅座主星，编号：HIP102098，HR7924，HD197345。西方星名天鹅座 α（α Cyg）。天津四与天鹅座其他四颗星组成北天十字架，与南天的南十字座遥相呼应。"天津"意即"银河渡口"，源自中国古代牛郎织女的神话爱情故事，天津即为牛郎和织女每年七夕相会时的鹊桥，天津四即天津星的第四颗。天津四与牛郎星、织女星组成著名的夏季大三角，其形状近似为一个直角三角形，天津四位于其中一个锐角上。

天津四为一颗蓝白色的超巨星，光谱型 A2 Ⅰ a，质量约为 19 倍太阳质量，表面温度约 8500K，半径超过太阳半径的 200 倍，总光度将近太阳光度的 20 万倍。天津四距地球的距离还不是很确定，较为普遍接受的值为 2600 光年，但从依巴谷（Hipparcos）数据分析得到的距离仅为约 1550 光年。将来的 Gaia 卫星能给出天津四的精确距离。

天津四是一颗变星，是天鹅座 α 型变星的原型，其表面存在非径向的波动，导致亮度存在非周期的变化，变化最大可达 0.15 星等。有研究称天津四是一颗单线分光双星，但更详细的光谱分析似乎不支持这种结论。天津四中心氢已经燃烧完毕，其表面正在膨胀变冷，并将最终演化成为一颗红超巨星。可能再过几百万年，天津四将作为一颗 Ⅱ P 型超新星爆炸。但是，天津四正在经历剧烈的物质损失，物质损失率大约是太阳的 10 万倍，将来很可能还会更高，所以不能排除作为 Ⅰ b 或 Ⅰ c 型超新星爆炸的可能。

由于地球的轴向进动，天津四将在大约 9800 年之后成为北极星。

轩辕十四

轩辕十四是狮子座中最亮的星，全天第 21 亮的恒星，视星等为 1.35 等，距离太阳大约 79 光年。西方星名狮子座 α，拉丁语的含义是王子或者小国王。轩辕十四是一个聚星系统。轩辕十四 A 是一个轨道周期为 40 天的分光双星系统。主星是一个质量为 3.5 太阳质量、光谱型为 B7V 型的蓝白色主序星，其自转很快，自转周期为 15.9 小时，这导致其形状很扁，因此会产生引力昏暗效应；伴星可能是一个 0.3 倍太阳质量以上的白矮星，但尚未被直接探测到。轩辕十四 B 和 C 是一个相互绕转的双星系统。单独去观测会发现，轩辕十四 B 是 8.1 等，轩辕十四 C 是 13.5 等。轩辕十四 A 距离轩辕十四 BC 系统有 177 角秒，距离轩辕十四 D 有 212 角秒，它们有相同的自行。轩辕十四的光度由轩辕十四 A 主导，轩辕十四 B、C、D 都是暗弱的主序星。

轩辕十四非常靠近黄道面，经常被月球掩食，也常被小行星掩食，偶尔也会被水星和金星掩食。2005 年 10 月 19 日，研究人员观测了小行星 166 Rhodope 掩食轩辕十四，并测得光线弯曲与广义相对论结果一致。2014 年 3 月 20 日，小行星 163 Erigone 掩食了轩辕十四，但由于天气原因没有获得任何观测数据。轩辕十四最近一次被金星掩食发生在 1959 年 7 月 7 日，下一次掩食将会出现在 2044 年 10 月 1 日。而其他行星由于位置原因，未来几千年时间都不会掩食轩辕十四。

北 斗

北斗是大熊座中排列成斗形的 7 颗亮星。这 7 颗星是大熊座 α、β、γ、δ、ε、ζ 和 η。中国名称分别称天枢（北斗一）、天璇（北斗二）、天玑（北斗三）、天权（北斗四）、玉衡（北斗五）、开阳（北斗六）和摇光（北斗七）。前 4 颗星，即天枢、天璇、天玑和天权组成斗形，故名斗魁，或称魁星，又名璇玑。后 3 颗星，即玉衡、开阳、摇光组成斗柄（即斗杓）或称玉衡。除天权是三等星以外，其余 6 颗星都是二等星。北斗七星离北天极不远，它们常被用来作为指示方向和认识北天其他星座的标志。天枢和天璇两星相距约 5°。如果把连接这两颗星的线段沿天璇至天枢方向延长约 5 倍，可找到一颗视亮度与它们不相上下的恒星，那就是小熊座 α 星，即北极星。所以天枢和天璇又称指极星。由于恒星自行的缘故，北斗七星的形状随时间发生缓慢的变化。北斗二至北斗六都是早 A 型主序星。北斗一是光谱分类为 K0 Ⅲ 的红巨星。北斗七为 B3V。此外，北斗一又是轨道周期约为 44 年、偏心率约 0.4 的目视双星；北斗五是已知最亮的 A 型特殊星，亮度、光谱和磁场强度都有周期性变化。北斗六是著名的目视双星，两子星相距约 14.42 角秒。两星的亮度分别为 2.27 等和 3.95 等，它们又各是分光双星，所以北斗六实际包含 4 颗星。离北斗六 12′ 处有一个四等星（大熊 80，中国古名称为辅）。北斗七星离地球远近不等，大致在 60 ～ 200 光年之间。北斗七星天区有 M51、M97、M101、M106 和 M108 梅西耶天体。

北极星

北极星是距北天极最近的亮星。现阶段的北极星即中国星名勾陈一或北辰，西方星名小熊座 α。北极星距离地球 431 光年，自行为每年 0.046″。距极点不足 1°（1992 年，坐标为 α=$02^h23^m3^s$,δ=89°14′）。因此，对于地球上的观测者来说，它好像不参与周日运动，总是位于北天极处，因而被称为北极星。正是这个特点使它成为全天重要的恒星之一。北极星是由三颗星组成的三合星。主星 A 为离地球最近的造父变星，光电目视星等 V 的变幅为 0.09 个星等（+1.95 ～ +2.04），周期为 3.97 日，是光谱分类为 F8Ib 的黄超巨星。主星 A 又是轨道周期约 30 年的单谱分光双星。伴星 B 目视星等 +8.6，距离主星 18″。

由于岁差，天极以约 26000 年的周期围绕黄极运动。在这期间，一些离北天极较近的亮星顺次被授以北极星的称号。公元前 2750 年前后，天龙座 α（中名右枢）曾是北极星。小熊座 α 成为北极星只是近 1000 年来的事。1000 年时，它距北天极达 6°。1940 年以来，小熊座 α 距北天极已不足 1°，而且正以每年约 15″ 的速度向北天极靠拢。大约在 2100 年前后，二者的角距离将缩到最小，只有 28′ 左右。此后，小熊座 α 将逐渐远离北天极。4000 年时，仙王座 γ 将成为北极星，7000 年、10000 年、14000 年时的北极星将依次为仙王座 α（中名天钩五）、天鹅座 α（中名天津四）、天琴座 α（中名织女星）。

巴纳德星

巴纳德星是 1916 年美国天文学家 E.E. 巴纳德在蛇夫座发现的一颗每年自行 10.31″ 的恒星，星号为 BD+4°3561。它是已知的自行最大的恒星。用三角视差法测出它距离我们 5.9 光年，是除太阳和南门二丙星（即半人马座比邻星）外离我们最近的恒星。它的切向速度为 90 千米 / 秒，视向速度为 -108 千米 / 秒，空间速度为 140 千米 / 秒。光电目视星等 V

为 9.54，色指数 $B-V$=1.74，$U-B$=1.29，MK 光谱分类为 M5V，是一颗红矮星。它同我们的距离正在缩短，估计到公元 11800 年时，将缩短到 3.75 光年，到那时将增亮为 8.5 等。1963 年美国天文学家范德坎普（Peter van de Kamp）发现巴纳德星的运动有周期性的摄动。这种摄动只能是由看不见的伴星引起的。根据摄动的幅度和巴纳德星的质量，可以估算它的伴星的质量和轨道周期。分析认为巴纳德星有甲、乙两伴星：甲星的轨道周期为 11.7 年，相对于巴纳德星的轨道半长轴约 2.7 天文单位，质量约为木星的 0.8 倍；乙星的相应数据分别为 20 年，3.8 天文单位和约 0.4 倍。如果这些数据是正确的，则这将是利用照相天体测量方法找到的第一个包含有类行星伴星的系统。但也有人认为上述观测分析的结果并不可靠。高能天文台 2 号卫星已测得此星的 X 射线。

第 4 章

双星

　　双星是在空间中视位置比较靠近的两颗星。由于彼此引力作用而围绕共同质心互相环绕的两颗星，称为物理双星。看似彼此很靠近，实际上在空间相距很远，并无物理联系的两颗星，称为光学双星。下文叙述仅指物理双星。组成双星的两颗星均称为双星的子星。天狼、南门二、五车二、南河三、角宿一、心宿二、北河二、北斗一和参宿三等著名亮星都是双星。

◆ 双星的分类

　　双星分类一般依据三条原则：①发现和观测双星的方法；②双星现在的物理状态或子星间物质交换的情况；③考虑恒星演化的状况。

　　根据子星在赫罗图上的位置，主要分为七大类：①目视双星。指通过望远镜，人眼可直接分辨开子星的双星，已发现的目视双星将近 8 万对。C.E. 沃利等（1983）给出了 850 颗目视双星的轨道根数星表。天狼星是著名的目视双星，两子星的质量分别为 2.28 和 0.98 太阳质量，它的伴星为白矮星。②分光双星。指由谱线位移的规律性而判知的双星。测得两颗子星谱线的称为双谱分光双星（或双线分光双星），只测到一颗子星谱线的称为单谱分光双星（或单线分光双星），已发现的分光双星约 5000 对。1989 年加拿大自治领天体物理台发表的《分光双星系统轨道根数第八表》列出了 1470 对分光双星的数据，是重要的参考资料。③食双星。指子星彼此掩食造成亮度规则变化的双星，又称食变星。它们常载入变星表，已知有 4000 多对，按照光变曲线的形状，主要分为三大类：英仙 β 型（大陵五）、天琴 β 型和大熊 W 型。现在还没有综合性强的星表，D. 特雷尔等（1992）列出了 323 颗食双星的数据。④天体测量双星。一般指通过天体测量方法发现其自行行迹为曲线并可用存在某伴星来解释其行迹而发现的双星。⑤光谱双星。指由连续光谱能量分布而判知的双星，这种双星往往是轨道面与视向接近垂直，而且两子星的光谱型相差悬殊。⑥掩食双星。指由掩星（如月掩星）观测分析而略知的双星。⑦椭球双星（或椭球变星）。指由两颗椭球状子星组成，其合成亮度随位相（轨道上的相对地位）按一定规律变化而被发现的双星，但并不是食双星。椭球双星与食双星可合称测光双星。把分光双星和测光双星合起来称为密近双星。另外，还有按照观测波段或所包含的特殊对象而得名的双星，如射电双星、X 射线双星（或简称 X 线双星）、爆发双星（包含爆发变星）、脉冲双星等。双星是恒星世界的普遍现象，是规模最小的恒星集团。此外，还有两颗以上恒星组成的聚星，如三颗星组成的三合星，四颗星组成的四合星等。太阳周围几十光年内，60% ～ 70% 的恒星是双星或聚星的成员。随着观测方法和仪器的发展或改进，以前认为是单星而后来被确证为的双星数目在增加。因此，太阳附近空间的恒星是双星或聚星的子星的并不限于上述百分数。在许多星协、星团、星云和一些河外星系中也发现有双星。

◆ 著名的双星和聚星

有以下几种：

①英仙β（βPer）。中名大陵五，是最早发现的食双星。它的光变周期等于 2.867 天，总亮度 2.20m，最暗时亮度下降到 3.40m。英仙β的主星是 B8 型主序星，质量为 $3.7M_\odot$，半径 $2.9R_\odot$；伴星是 K2 型星，质量为 $0.8M_\odot$，但半径比主星稍大，等于 $3.5R_\odot$，已充满洛希瓣，所以英仙β是半接双星。两子星的轨道的偏心率 e=0.015，很接近圆形。1906 年 A.A. 贝洛波尔斯基发现这个双星系统的质量中心在移动，表明还有第三颗星存在，所以英仙β实际上是三合星。以英仙β为典型的双星称作大陵型双星，又称大陵型食变星，符号为 EA。1975 年探测到英仙β的 X 射线辐射，功率为 10^{24} 瓦；1992 年又探测到英仙β的一个 X 射线大耀斑，光度达 2×10^{25} 瓦。

②天琴β（βLyr）。中名渐台二，1784 年 J. 古德利克发现其光变，是第二个被发现的食双星。周期为 12.91 天，每年增加 19 秒，两子星相距较近，都歧变成扁球形，光变曲线的主极小和次极小的深度分别为 0.8m 和 0.4m。天琴β离太阳约 500 秒差距，属半接双星。主星是 B6 Ⅱ型，质量为 $2M_\odot$，充满洛希瓣；次星 B0 Ⅴ型，质量 $12M_\odot$，正在增加质量，次星周围有一个吸积盘，是由主星流向次星的物质形成的。天琴β型食变星的符号为 EB。

③大熊 W（W UMa）。离太阳 67 秒差距，周期为 0.3336 天，目视星等变化范围 7.75m ～ 8.48m，两颗子星的光谱型分别为 F8 和 F7。大熊 W 是相接双星，两子星相距很近，都充满或几乎充满洛希瓣。主

星质量 1.30$M_\odot$，次星质量 0.65$M_\odot$。该双星被一个公共的对流包层包裹着。大熊 W 型食双星的符号为 EW，已发现 500 多对。在太阳附近这类双星很多。

④御夫 ζ（ζAur）。为数不多的食双星，主星是有延伸大气的 G～M 型超巨星，次星是半径小得多的 B 型星。当 B 型星被掩食时，观测者看到在 B 型星光谱上重叠了 Ca Ⅱ 的 K 线等色球吸收线。御夫 ζ 中名柱二，是这类双星的代表，无交食时星等为 m_p=5.0，主极小时为 5.6。较亮并且研究过的有天鹅 31、天鹅 32 和御夫 ε 和仙王 VV。

⑤大熊 ζ（ζUma）和双子 α（αGem）。大熊 ζ 中文名开阳，其近旁有一颗 4 等星，名叫大熊 80，中名辅，与大熊 ζ 相距 11 角分。大熊 ζ 是最先被发现的目视双星，两子星又都是分光双星，现又证明大熊 80 也是分光双星。因此，该恒星系统共包括 6 颗星，为六合星。双子 α 也是由三对双星组成的六合星。

⑥猎户 θ（θOri）聚星系统。位于猎户星云里面，用小望远镜看它是四合星，4 颗星组成了四边形，常被称为猎户四边形。

◆ **研究双星的意义**

研究双星特别重要的原因是：①除太阳外，恒星之中唯有对某些双星观测，才能够从轨道运动直接和可靠地定出恒星质量，而恒星的质量是决定恒星一生和演化的第一要素。不少单星的质量估值，要用双星质量去对比检验。②许多天文过程和现象仅发生在双星系统中，特别是恒星一生中某些时间相互作用的状态，双星可以说是引力"实验室"。如天鹰座射电脉冲星 PSR1913+16（轨道周期既短，偏心率又大，而且包含有致密星的双星）就为研究相对论和引力波提供了宝贵的资料。③当恒星是双星的部分时，可能轨道稳定且可围绕恒星居住行星。双星还提供了认识恒星之间各种相互作用的条件，如引力相互作用、辐射相互作用、物质相互作用等。双星对于研究某些恒星内部的密度分布、大气结构、爆发等问题也提供了非常有利的条件，亦为研究许多恒星的演化和寻找黑洞提供宝贵的样品。此外，认真研究双星、聚星和行星系的区别与联系，必然会大大促进它们的起源和演化等问题的解决。自从 X 射线双星、射电双星、脉冲星双星发现以来，双星天文学内容更加丰富，研究更加活跃。

目视双星

目视双星是用光学方法能分辨开两颗子星的双星。狭义上指观测者能直接用望远镜分辨开两颗子星的双星。两子星间的角距离和方位角可直接测量。通过观测可以获得目视双星系统的公转周期 p 和轨道半长径 a，如果 p 用年、a 用天文单位表示，双星系统总质量 M_1+M_2 用太阳质量作单位，则由开普勒第三定律可得：$M_1+M_2=a^3/p^2$。因此观测目视双星能提供一种测定恒星质量的最直接和最可靠的方法。目视双星的光学观测有目视、照相和干涉三种方法。它们各具特点，可以互相补充，但是不能互相取代。照相方法取得角距离的下限是 2.5″。目视观测的分辨率较高，在大气宁静的一刹那，甚至能观测到角距 0.1″ 以下的双星。干涉方法已成功地测量到 0.01″。由于观测技术的提高，对某些分光双星,例如北冕座β可用目视方法进行研究。最早从事双星观测的是 F.W. 赫歇尔,他编制了 848 对双星表(H)。后来有 F.G.W.von 斯特鲁维双星表(Σ)和 O.W. 斯特鲁维双星表(OΣ)。目视双星的大量发现是 19 世纪末和 20 世纪初期的事情,当时使用大型折光镜,配以高倍目镜,用目视方法对全天 9.0 等以上的亮星进行巡天观测。1906 年刊布《伯纳姆双星总表》(BDS),列出赤纬在 -30° 以北的 13655 对目视双星。1932 年出版《艾特肯双星总表》(ADS),列出赤纬在 -30° 以北的 17180 对目视双星。1963 年又有杰弗斯和范登博斯的《双星索引星表》(IDS)问世,列出 64247 对目视双星。目视双星的公转周期短的 1 个月,长的达几百年以上,一般是 70 年左右。理论计算表明,在银河系中构成双星系统的条件是子星间的距离不大于 5 万天文单位。距离太阳最近的恒星——半人马座α是一个三合星,其中两颗星构成目视双星,公转周期为 80 年。轨道的视椭圆如图。目视双星往往和分光双星、食双星组成一个体系。例如北河二(双子座α),就是这种混合体。北河二的甲星和乙星组成目视双星,甲、乙又都是分光双星,丙星是周期为 0.8 日的交食双星,因此,北河二是一个相当复杂的六合星系统。

食双星

在相互引力作用下围绕公共质量中心运动,且其轨道面差不多同我们的视线方向平行时,能看到一星被另一星所遮掩(就像日食、月食那样)而发生星光变暗现象的两颗星,称为食双星,又称食变星。最早发现的食双星是大陵五（英仙座 β），它最亮时为 2.13 等（光电目视星等，下同），最暗时（称为主极小食甚）为 3.40 等，这是甲星被乙星偏食所致。乙星被甲星偏食，损光最多时整个双星成为 2.19 等（称为次极小食甚）。大陵五的轨道周期是 2.8673075 天。它由平时亮度降到最暗约需 4.9 小时，由最暗回到平时亮度也约需 4.9 小时。

食双星的光变曲线可分为三种类型：①大陵五型，食外变化较小；②渐台二（天琴座 β）型，食外也显著变光，但主极小食甚比次极小食甚暗得多；③大熊座 W 型，食外显著变光，主极小食甚比次极小食甚稍暗。

分析食双星的光变曲线，可以比较可靠地求得大星半径、小星半径（都以轨道半长轴为单位）、轨道面倾角（轨道面法线和视线交角）、大星或小星光度（以总光度为单位）、反映大星和小星的圆面亮度分布的"临边昏暗系数"等，统称为测光轨道解，简称测光解或测光轨道要素。如果这双星又是双谱分光双星，并且已有比较可靠的分光轨道解，那么和上面的测光轨道解结合起来，可以得出组成该双星的两子星各自的质量和半径（以太阳质量和太阳半径为单位）。所以，某些食双星能为人们提供比较可靠的恒星基本参量，成为研究恒星物理和恒星演化的重要基础之一。但由于大多数食双星总有偏离"理想共性"的这样那样的"个性"，已测出基本物理参量的食双星不仅数量少，而且数据也不够精确。

苏联 1969 年出版的《变星总表》已收有食双星 4000 多对，但美国 1970 年出版的《食双星测光轨道解总表》只选列 221 对双星的数据，其中不少数据有待改进。因此需要不断改进实测技术和分析理论，以测出更多双星的更精确的基本参量。瑞典每半年出版一期《密近双星文献和工作志》以及国际天文学联合会每三年出版一次的大会会议录中有关密近双星的记述，是食双星研究的基本资料。波兰每年出版《食变星历》，1979 年出版的《1980 年食变星历》列出 856 对双星的食甚时刻预报表。2000 年出版的《天体物理量》（第四版）则收入 5074 颗食变星。这些对于天文工作者和天文爱好者都十分有用。

研究食双星取得的成就是多方面的：①已得到 100 对密近双星的质量、半径等物理参量。②对柱二（御夫座 ζ）型食双星中蓝矮星的光穿过红超巨星大气各层的观测，得知许多红超巨星的色球结构和色球活动资料。③根据椭圆轨道食双星的近星点运动，推出有关恒星的内部密度分布特点。④根据兼为食双星的新星（如 1934 年武仙座新星）的观测资料，通过对 X 射线食双星（如武仙座 X-1）的多方研究，以及通过对包含脉动变星的食双星（如白羊座 RW）和包含耀星的食双星（如北河二的丙星）等的探索，了解到有关新星、X 射线星、脉动变星和耀星的一系列物理特性。⑤研究了有关的 X 射线星是否为中子星的问题。⑥测得了相接食双星如仙王座 VW、天鹅座 V729 的 X 射线。1979 年发现了有射电食的食双星如蝎虎座 AR。这两项发现为食双星研究开拓出新的领域。⑦对星协与星团中的食双星的研究，并且同食双星所在星协、星团的年龄、化学成分等联系起来，为这些恒星群的研究提供有效线索。⑧在各类双星中，食双星是能够测得的最远的一类双星，在其他星系中发现的食双星为星系的研究开辟了独特的途径。

但是食双星研究中还存在很多问题。研究了三百多年的大陵五，虽然在 1978 年得到了双谱分光双星分光轨道解，显著提高了它的物理参量的可靠度，但是它的射电爆发和 X 射线的实测工作和理论解释都还做得非常不够。1784 年发现变光的食双星渐台二，其中的较暗星究竟是什么样的天体，虽经多年的高色散光谱分析以及人造卫星观测，至今仍然是个谜。许多短周期（1 天以下）"相接双星"的质量交流与能量交流的动力学和物理问题还不清楚。球状星团成员星中有没有物理双星也是一个在演化上尚待解决的重要问题。为此，天文学家已在寻找球状星团中的食双星。射电波段的食双星研究已经开始，中国建设的贵州 500 米射电望远镜（FAST）就有食双星观测计划。至于 γ 射线波段的食双星观测也陆续展开。

分光双星

分光双星是从子星视向速度的变化而判知的双星。两个子星谱线都已测得的叫双谱分光双星（又名双线分光双星），只测到一子星谱线的叫单谱分光双星（又名单线分光双星）。前者一般可用简写符号 SB2 表示，后者可用 SB1 表示。以轨道位相为横坐标，视向速度为纵坐标画出的曲线称为视向速度曲线。求解视向速度曲线可得分光双星的轨道要素 P（周期）、e（偏心率）、T（过近星点时刻）、ω（由升交点起算的近星点经度）、K_1（子星 1 的视向速度半变幅）、K_2（子星 2 的视向速度半变幅）、v_0（公共质心的视向速度）、$M_1\sin^3 i$ 和 $M_2\sin^3 i$（M_1

和 M_2 为子星 1 与 2 的质量，i 为轨道倾角）、$a_1\sin i$ 和 $a_2\sin i$（a_1 为子星 1 绕公共质心轨道半长轴真长度，a_2 为子星 2 的相应量），这是 SB2 的情况。如是 SB1，可得轨道要素 P、e、T、ω、K_1、v_0，质量函数 $f(M_1,$ $M_2)$ 就是 $\dfrac{M_2^3+\sin^3 i}{(M_1+M_2)^2}$ 和 $a_1\sin i$，其中下标 1 表示测得谱线子星，下标 2 表示未测谱线子星。SB2 的轨道要素同用别的方法（如食双星测光解、目视或干涉双星轨道解、偏振法等）所得之值结合，可以得到两子星各自的质量值，这是求恒星质量的最可靠和最基本方法之一。SB2 轨道要素和食双星测光解结合还可求出两子星的真半径。分光双星的上列轨道要素总起来称为分光轨道解，简称分光解。

随着研究的进展，原来的 SB1 可能变为 SB2，例如大陵五、天箭座 U 等。

已发现的分光双星数约有 5000，1978 年出版的《分光双星轨道要素》第七表列有 978 个分光双星的资料。分光双星的轨道周期有短到 82 分钟的（天箭座 WZ），有长到约 88 年的（蛇夫座 70）。

在望远镜中，一般还不能直接分辨分光双星的两颗子星（成为目视双星）。采用干涉测量法和掩星观测等方法，才能分辨出愈来愈多的分光双星的子星。

一般把分光双星都看作为密近双星。有的密近双星中包含 X 射线脉冲星，双星轨道运动多普勒效应使脉冲频率有规律地渐增渐减，分析这种 X 射线数据可以仿照分光双星得出相应于 SB1 的 X 射线波段分光解，例如半人马座 X-3 在尚缺光学观测资料的情况下，只有 X 射线资料已得出的分光解，由质量函数就可判知在 X 射线波段未测到的子星质量下限为 15.6 太阳质量。包含射电脉冲星的密近双星 PSR1913+16 的情况也很类似，由射电脉冲频率的变化可以分析出相应于 SB1 的射电波段分光解。因此从某种意义上来说，可以把该双星看作是射电波段的分光双星。

分光双星，特别是双谱双星，对于推求恒星质量、半径等基本参量极为重要。单谱双星也能对有关恒星的基本参量提供约束条件。分光双星中所包含的恒星种类繁多，涉及的物理、演化等问题甚为广泛。还有大量的分光双星尚待发现，采用物端棱镜一类的新技术从事探测，效率较高。已发现的分光双星中还有很大数量尚未求出可靠的分光解。可见光和照相波段以外的分光双星，例如由射电谱线位移、X 射线谱线位移、大气外紫外谱线位移等反映轨道运动的分光双星基本还是有待探索的新领域。虽然已在大麦哲伦云中发现了双谱分光双星，而河外分光双星的发现和研究还处在初始阶段。

密近双星

密近双星是一子星影响另一子星演化的物理双星。通常把分光双星和测光双星（包括食双星）通称为密近双星。包括有两颗恒星，并且彼此演化严重受到对方影响的系统称为密近双星系统。肉眼可见的五车二、角宿一、大陵五、渐台二都是密近双星。密近双星是恒星世界中普遍存在的一种天体：有的可提供可靠的物理参量；有的可提供重要的恒星演化线索；有的可通过两子星相互作用的各种表现，为研究恒星高低层大气结构、恒星内部密度分布、星周物质的特性、星风、吸积过程、质量交流等提供良好的机会。密近双星中出现的脉动变星、爆发变星、X射线源、射电源、白矮星、中子星（脉冲星）、B型发射星、A型特殊星、巨星、超巨星等，可为研究这类天体提供有利条件，聚星、星协、星团、行星状星云和河外星系中出现的密近双星，可和这些天体系统的研究联系起来。

◆ **分类**

食双星按光变曲线形状分为三大类，即大陵五型、渐台二型和大熊座W型。分光双星中只测到一子星谱线的称为单谱分光双星，测得两子星谱线的叫双谱分光双星。对一些单谱分光双星，现也逐渐测到了双谱。如猎户四边形中的食双星BM测定为双谱，解决了恒星早期演化黑洞问题。天空中一半以上的恒星均为双星系统的成员，其中一半也许是密近双星系统。根据理论分析，Z. 科帕尔在20世纪50年代提出密近双星通过彼此的引力场发生相互作用。密近双星系统共分为三类：①相接双星系统，这两颗星处于半结合状态并有一个共同的外壳；②半相接双星系统，这两颗星相互接触但仍可交换质量、能量以及角动量，其中的一个可能会失去质量（一部分给伴星）；③不相接双星系统，这个系统中恒星风、潮汐变形和热效应也会影响双星的演化。密近双星中一子星充满临等面时，它的物质应大规模地流向另一子星（如后者未充满其临等面），这称作质量交流，对密近双星的演化发生巨大影响。如果两颗主序星组成的不相接双星中的一颗子星质量较大，则当这一子星演化到充满临界等势面时（即开始做质量转移时），就会至少出现下列三种情况：中心氢仍在核燃烧；中心氢已"燃烧"完，但中心氦尚未开始"燃烧";中心氦已"燃烧"完,碳尚未开始"燃烧"。从这些基本概念出发,70年代对多种形式的密近双星做了大量的理论计算,在解释大陵五型食双星的"演化怪象"(即质量较小的子星看来演化得反而更快)、"谜星"渐台二的基本参量、某些B型发射星双星,以及模拟某些X射线双星和射电脉冲星双星的演化史等工作中,都取得了佳绩。为了更好地说明实测现象,需要打破早先理论工作中的一些简化假设的限制,如计及子星的非球状、轨道的偏心率、总质量和总角动量的不守恒,计及星风和辐射压、自转和磁场、子星发生超新星爆发时的不对称性等。

◆ 理论方面

理论方面的重要任务是用密近双星质量交流和质量流失的概念,解释某些食双星变光周期的变化和气环的形成与变化,以及许多包含矮新星、再发新星、新星的密近双星的爆发和射电双星现象等。吸积盘的物理问题受到很多人的重视,现已用来研究爆发双星和X射线双星。有多种可能性使得密近双星发生质量转移,只要某一阶段恒星膨胀或两星的距离缩短即可。主要有离开主序的演化、渐进巨星支(AGB)的快速膨胀和AGB的演化,分别称为情形A、情形B和情形C。现以情形A为例予以说明。

当一个分离的双星系统中质量相对大的恒星开始离开主序而膨胀,并最终充满洛希瓣时,一些质量就会转移到另一子星。转移率将随时间而变,系统会失去一部分的质量和角动量。研究表明,质量损失的那颗星达到与洛希瓣一般大小后,还会继续演化直到它留下一个不能再膨胀的核为止。这个阶段残余的核只由氢组成，而富氢的外壳已经不再存在。与此同时，伴星获得能量并根据自己的需要演化。如果伴星的初始质量比主星小得多，当大质量星停止损失质量后，伴星就会离开主序。经过一段时间之后，大质量星就会逐渐冷却而变成一颗白矮星。而另一颗子星将离开主序，把质量又还给白矮星。这个质量来回转移的过程都伴随有相应的恒星观察现象。

因引力辐射而改变密近双星轨道周期的问题也已开始研究。对以大熊座 W 为代表的相接双星的力学和物理问题的研讨也很热烈。某些密近双星（如天鹅座 X-1）中可能存在黑洞的问题，密近双星和太阳活动、恒星活动的关系、两子星星风的相互作用等，早已或正在引起天文学家的重视。

◆ 实测方面

20 世纪 70 年代在密近双星实测研究方面进展很快。如发现了 X 射线双星、X 射线脉冲星双星（包括河外的）、射电双星、射电脉冲星双星、光学脉冲星双星和并不包含致密天体（如白矮星、中子星、黑洞）的 X 射线双星（如五车二、大陵五、猎犬座 RS 等）；确认在一定波段上视流量最强的稳定 X 射线源天蝎座 X-1 是分光双星；否定食双星 V78 是球状星团半人马座 ω 的成员（使极端星族 II 中有否双星的问题被重新提出）；发现一批猎犬座 RS 型射电兼 X 射线双星；发现与大熊座 W 型迥然不同的早型大质量、高光度新型相接双星（如包含一对蓝超巨星的天鹅座 V729）；测出经典的单谱分光双星中另一子星的谱线，确定这些双星是双谱双星；用偏振法求密近双星的轨道倾角等。

第 5 章

聚星

　　聚星是由 3 到 5 个互相有物理联系的恒星组成的多重恒星系统。有时也按成员星的数目称为三合星、四合星等。聚星的成员星数目比疏散星团少。从地球上看，成员星彼此之间很接近。聚星分为物理聚星和光学聚星，前者有引力约束，后者只是看起来靠近。一般所研究的聚星系统是指物理聚星。在 1999 年版 A. 托科维尼的聚星星表中，三星系统占大多数，包含越多恒星的聚星系统数目越少。这也可能是由于选择效应导致，人们对聚星系统的统计研究仍然比较欠缺。

　　聚星可以分成两类，一类是普通聚星，另一类称为四边形聚星。

◆ 普通聚星

　　普通聚星的成员星两两组成双星，双星与另外的成员之间的距离至少是双星的两子星间的距离的 3 倍，有时可达几十倍，因此普通聚星的成员星的运动类似于双星的周期运动，只是这种周期运动由于摄动变得更复杂一点而已。大熊座 ζ（中名开阳）是普通聚星的一个例子，开阳和旁边一个中名称为"辅"的星组成双星，相距 74000±39000 天文单位，开阳本身又是一个双星，主星大熊座 ζ 甲和伴星大熊座 ζ 乙相距约 400 天文单位。大熊座 ζ 甲又是一个分光双星，主星和伴星相距约 0.29

天文单位。大熊座ζ乙也是分光双星。四边形聚星的成员星之间的距离相差不多，这种系统在力学上是不稳定的。聚星的成员星的运动不再是周期性的。聚星系统随着时间的流逝而逐渐瓦解。

◆ 四边形聚星

四边形聚星主要存在于星协之中，和年轻星团等一起组成星协的核心，是一种很年轻的恒星系统。猎户座四边形聚星是四边形聚星的著名例子。它位于猎户座星云的中央，构成猎户座星协的核心。它由4颗亮度和光谱型都相差不多的星构成一个边长接近相等的四边形。自行的观测表明猎户座四边形聚星正在瓦解之中。但也有人用数值方法计算猎户座聚星上百万年内的运动，发现其成员星不是不断散开，而是在忽聚忽散地振动。

第6章
变星

变星是物理性质随时间变化的恒星。凡通过探测器（人眼、望远镜和辐射接收器）能够检测到亮度有变化的星，无论变化是物理原因（如爆发、脉动）、几何原因（如交食、屏遮），还是二者兼有（如交食加上两星间的质量交流），都称为变星。历史上将光学波段亮度随时间有变化的恒星称为变星。20 世纪 70 年代以来，把在光学波段物理条件有变化或光学波段以外电磁辐射有变化的恒星，也叫作变星。前者如光谱变星、磁变星，后者如红外变星、X 射线新星等。

◆ 发现史和变星表

中国殷墟出土的商代甲骨卜辞"新大星并火"和"有毁新星"，若解释为新星现象，则爆发变星的记录可追溯到公元前 14 世纪。否则，《汉书》所载元光元年（公元前 134）六月"客星见于房"，就是关于变星的最早历史文献。《宋史》所载 1006 年 4 月 3 日出现的超新星变光始末的描述，是世界公认的第一个变星记录。20 世纪 70 年代还陆续证认出作为爆发后遗迹的射电源、X 射线源和光学对应体。1596年，D. 法布里修斯发现第一个长周期变星鲸鱼座 o（蒭藁增二）。1786年，E. 皮戈特编制了第一个变星表，其中载有 4 颗新星和 8 颗变星。

1840～1844年，F.W.A.阿格兰德尔建立了变星亮度变化的0.1星等等级制，编成变星总数为44颗的星表。20世纪初，德国天文学会承担了《变星文献汇编》的编辑任务，在1918～1922年出版了三卷。美国哈佛大学天文台在R.普拉格主持下，于1926年出版了变星表，到1933年修订了三版，所载变星总数为5826颗。第二次世界大战后，国际天文学联合会委托苏联科学院天文委员会（今俄罗斯科学院天文研究所）编制《变星总表》（OKПЗ）。从1948年起每隔10年再版一次，到1976年出版的第三版第三补编，共载有变星25920颗。1982年为止发现和命名银河系内28435颗变星和变光体。第四版一开始仅分成三册，在1985～1987年出版，包含28435颗恒星；后来又印制第四版的第四册，内容是参考表；第五册于1995年1月问世，列出了35个河外星系中10979颗确认和可疑的变星。之后第五版则采用网络版本，由俄罗斯科学院天文研究所于2017年发布并更新。

◆ 变星命名

1844年德国天文学家阿格兰德尔创变星命名法。每一星座内的变星，按发现的时间顺序，用拉丁字母R、S、T、U、V、W、X、Y和Z记名。如牧夫座内发现的第二个变星，定名为牧夫座S，北冕座第三变星北冕座T，天鹅座第七变星天鹅座X。随着新发现的变星数目不断增长，单字母法已不敷应用。哈特威于1881年将单字母扩充为双字母。按RR、RS、…、RZ, SS、…、SZ, TT、…、ZZ，仅9个字母循环，后又扩展到所有字母AA、…、AZ, BB、…、QZ（但不用字母J）命名一个星座内第10号到第334号变星。如天琴座RR，天箭座WZ，飞马座

AG。当变星数超过 334 个时，则用拉丁字母 V 加上阿拉伯数字表示。如天蝎座 V861，人马座 V4021。近年来，《变星总表》编委会就是按照这种国际通用的命名法为新变星定名的。

◆ **变星分类**

1881 年，E.C. 皮克林把变星分为新星、长周期变星、造父变星、不规则变星和食变星 5 类。在已发现的几万颗变星中，做过光谱观测的仅占 1/4 左右。一百多年来，变星的分类法随着对它认识的不断深化而逐渐改变。根据光变的原因是内在的或外在的可分为内因变星和外因变星。前者的光变是光度的真实变化，光谱和半径也变化，也称物理变星。外因变星光度、光谱和半径不变，它们是双星，又称几何变星或光学变星。据 2015 年变星总表第五版数据，变星总数约 52011 颗。把除食变星外的变星重新划分为脉动变星、旋转变星、爆发变星、爆发或灾变变星 4 个大类。在大类以下又按照光变形态和物理原因，细分为若干次型：①脉动变星（周期，多周期，准周期或无周期）。主要有经典造父变星、室女座 W 型星、天琴座 RR 型星、盾牌座 δ 型星（又称矮造父）、仙王座 β 型星、凤凰座 SX 型变星、鲸鱼座 ZZ 型变星、金牛座 RV 型星、半规则星、蒭藁变星（鲸鱼 o）。最后两类有时称长周期变星。②旋转变星（周期或准周期）。主要有猎犬座 α2 型变星、椭球变星、天龙座 BY 型变星、猎犬座 RS 双星等。③爆发变星。主要有金牛座 T 型星和御父座 RW 型星、猎户座 FU 型星、仙后座 γ 型变星、鲸鱼座 UV 型星、北冕座 R 型变星。④爆发或灾变变星。主要有新星、超新星、类新星变星、再发新星、矮新星或双子座 U 变星等。

◆ 变星的脉动理论

1879 年，R. 里特研究均匀气体球的径向脉动，得到变星脉动周期和星的平均密度的关系。A.S. 爱丁顿提出变星脉动理论，指出恒星外层氢的临界电离区和中心的产能区是两个可能的脉动激发源。1953 年，日瓦金指出恒星内部的氦的二次临界电离区是脉动的主要激发源。20 世纪 50 年代后期，电子计算机广泛应用于变星非绝热脉动的理论计算。线性非绝热脉动理论的计算，基本上证实了日瓦金的结论，并解释了赫罗图上脉动不稳定区蓝端边界位置，以及脉动变星的光变曲线同视向速度曲线的相移关系。1962 年，克里斯蒂提出了变星的非线性脉动理论，他第一次从理论上推得可与观测相比较的光变（和视向速度）曲线的形状和变幅。对处于赫罗图上脉动不稳定区红端的变星，即不规则变星、半规则变星和长周期变星，它们的外层对流区已延伸到相当程度，必须考虑对流的作用。除去径向脉动模式外，还存在一类更广泛的非径向脉动模式。对于非常简单的恒星模型，非径向脉动的本征振动可很清楚地分成三组分立的群：①p 模式，即压力模式或声模式，特点是压力为主要的恢复力。②g 模式，或称重力模式，特点是恢复力主要为重力。③f 模式，即基模式或开尔芬模式，特点是径向位移分量在恒星内部没有结点（除中心外）。非径向脉动要比纯径向脉动复杂得多，如今对复杂的恒星结构，已不可能简单地将非径向脉动模式分类。大犬座 β 型变星、矮新星和白矮星的快速光变是研究非径向脉动的最可能的对象。

◆ **变星研究和恒星演化**

因物理变星的演变时间尺度大大短于正常恒星在主星序留驻的时间，所以物理变星的研究有助于阐明恒星从量变到质变的演化环节。食变星为研究恒星结构提供了质量、大小和光度等基本参量。观测发现越来越多的食变星不仅是几何变星，也是物理变星，它们是研究恒星演化的重要对象。现代恒星演化理论能够定量地说明主序星和主星序阶段之后的红巨星的形成及赫罗图上造父变星区的一些现象。至于早期或晚期的恒星演化过程，由于物理条件复杂，了解还极不完全。但某些变星，如主星序前的金牛座 T 型变星、主星序上或主星序附近的脉动变星、主星序后的北冕座 R 型变星，却能为这些演化阶段提供重要的信息。变星种类繁多，从超巨星到红矮星都有；在星族特性上，变星分属于中介星族 I、旋臂星族、盘星族、中介星族 II 以及晕星族五种不同空间结构的次系。所以，变星是研究银河系结构和银河系动力学的重要线索。此外，造父变星的周光关系、新星的极大亮度平均值效应也为量度星系距离提供了标准。

脉动变星

脉动变星是自身在不断膨胀、收缩（径向脉动）或发生变形运动（非径向脉动），其光度、颜色、光谱型和视向速度（有时还有磁场）也随之发生变化的一类变星。据苏联天文学家 B.V. 库卡尔金和 P.P. 帕连纳戈估计，整个银河系中这类变星的总数约为 200 万个。

根据脉动性质（特别是它们的光变曲线），脉动变星主要分为如下几种类型：①经典造父变星；②星族 II 造父变星，又名室女座 W 型变星；③天琴座 RR 型变星；④盾牌座 δ 型变星；⑤矮造父变星；⑥仙王座 β 型变星；⑦蒭藁增二型长周期变星；⑧金牛座 RV 型变星；⑨半规则变星；⑩晚型不规则变星；⑪脉动白矮星。有人把前 9 种合称为大序变星。

脉动变星的周期可相差很大，短至一小时以下，长至几百天，甚至十年以上。如还不能确定分入④类或⑤类的 GD428 的周期只有 56 分 18 秒，而另一些不规则变星的周期则可达几十年。某些脉动变星中还存在有多重周期的脉动现象。脉动变星的目视星等变幅从大于 10 星等，到小于千分之几星等都有。脉动变星的密度和绝对光度都与脉动周期有一定的关系，这些性质为研究恒星的物理本质和宇宙的尺度提供重要依据。

由光谱型看，脉动变星分布很广，年轻的、年老的都有。脉动的原因是，恒星演化到一定阶段，其结构出现某种不稳定性，产生一定幅度的脉动。变星的脉动性质，主要由变星内部结构决定，因此各类脉动变星在赫罗图上都有其特殊的位置。

脉动白矮星是新发现的一类脉动变星。它们的变光周期从小于 10 秒到大于 1000 秒不等，典型星如 R548（鲸鱼座 ZZ）。关于它们的物理本质和演化问题还有待研究。

造父变星

造父变星是一类高光度周期性脉动变星。典型星为仙王座 δ，中文名造父一，故得名。通常光变周期为 1 ～ 50 天（但也有超过的，如银河系经典造父变星武仙座 BP 的周期为 83.1 天，HR4511 即半人马座 V810 则长达 125 天，小麦哲伦云中的经典造父变星的周期有长达 200 天的）。可见光波段的光变幅为 0.1 ～ 2 星等。光谱由极大时的 F 型变成极小时的 G ～ K 型。粗略地说，它们的光变曲线正好是变星大气视向速度曲线的镜像反映，即极小光度对应着极大视向速度。造父变星的光度和光变周期之间存在着密切的关系，称为周光关系。这种关系可用来建立天体的距离尺度。为此，必须根据已知光度的造父变星来校正这个关系。但即使最亮的造父变星离地球也太遥远，不能用三角视差等方法来测准距离。20 世纪以来，为确定周光关系做了大量工作，但通常叫作"周光关系零点"的问题，仍未完满解决。

1952 年，W. 巴德确认造父变星并不是一个物理性质完全一致的星群，而是可分为星族 I 造父变星（或称经典造父变星）和星族 II 造父变星（或称室女座 W 型变星）两种类型。它们有各自的周光关系和零点。一般对于相同的周期，前者比后者亮 1.5 ～ 2 个星等。

利用造父变星的周光关系来测定距离是天文工作中的一个非常重要的课题。只要在星团或星系中发现有造父变星，就可定出星团或星系的距离，因此造父变星又有"量天尺"美誉。

室女座 W 型变星

室女座 W 型变星是星族 II 的造父变星。室女座 W 型变星与星族 I 造父变星的主要不同点是：光变曲线在极大或下降段（在位相 0.4 处）有一较长的停顿；周期大致范围为 2～45 天；频数分布的极大值在 10～20 天，而在 5～10 天的则很少；周光关系的曲线类似星族 I 造父变星，但零点暗 1.5～2 等；离银道面的距离和相对于太阳的速度比星族 I 造父变星大；光强临近极大时光谱中出现亮氢线，而到极大时发射已减弱，这是星族 I 造父变星所没有的；比周期相同的星族 I 造父变星具有较早的光谱型。室女座 W 型变星的典型代表是室女座 W，它们又可细分为球状星团室女座 W 型变星和银河星场室女座 W 型变星，据 1978 年的资料，前者周期很少在 8～12 天的。

天琴座 RR 型变星

天琴座 RR 型变星是变光周期大致 0.05～1.5 天的一类变星，是脉动变星"大序变星"中的一种。又称短周期造父变星。天琴座 RR 型变星原被分为 RRa、RRb 和 RRc 三个次型，现已合并为 RRab 和 RRc 两个次型。它们的光谱型除少数为 F 型外，一般均为 A 型。RRab 型的光变曲线有较陡的上升段和较缓的下降段；光变幅一般不超过 1～2 个星等。RRc 型的光变曲线则近似于正弦曲线，较为对称；光变幅也较小，在半个星等上下。两型的周期、变幅和光变曲线形状都具有周期性变化，称为布拉日哥效应。因它们大多出现于球状星团中，故又称作星团变星。

RRab 型的典型星是天琴座 RR 星；RRc 型的典型星是大熊座 SX 星。同一球状星团中的天琴座 RR 型变星，其中介星等（最亮和最暗时的星等平均值）十分相近，这表示各个天琴座 RR 型星的绝对星等也相差不大。观测和研究表明，光度的相差不超过一个星等，而且同周期的关系颇小，因而可以通过对它们的观测和研究来推测它们所在恒星系统的距离。这样，这类变星就起"量天尺"的作用。按金属丰度划分，天琴座 RR 型星可分为三类，这三类的绝对星等也不相同，亮度约差半个星等。这些都是通常的脉动理论所难以解释的。

盾牌座 δ 型变星

盾牌座 δ 型变星是光谱型为 A ～ F 型，在赫罗图上位于造父变星不稳定带内的超短周期、小变幅的脉动变星。盾牌座 δ 型变星光变曲线形状变化很大，同船帆座 AI 型变星相近，但变幅小于 0.3 星等。典型星为盾牌座 δ。最初，人们把一切周期短于 0.21 天的 A、F 型脉动变星都称作盾牌座 δ 型变星（又称矮造父变星），后来只把光变幅小于 0.3 星等的短周期脉动变星称作盾牌座 δ 型变星。这种星不仅存在于银河星场中，还出现在疏散星团中，被认为是质量 1.5 ～ 2.5 太阳质量的主序星或刚过主星序的恒星，属于星族 Ⅰ，绝对目视星等约 +2 等。1970 年 O.J. 埃根指出，变幅小于和大于 0.3 星等的两群星均有年轻和年老的盘星族的成员，怀疑这种按光变幅分群的做法的合理性。有人根据实际测得的表面重力和周期间的关系，认为它们都是质量约为 2 太阳质量的主序星后的氢壳层燃烧星，唯一差别可能只是脉动的模式不同。

仙王座 β 型变星

仙王座 β 型变星是短周期脉动变星，周期范围为 2 ～ 6 小时，又称大犬座 β 型变星。许多仙王座 β 型变星具有两个略微不同的周期。光变曲线常近于正弦形，位相比视向速度曲线落后 90°，这表明光度的极大和极小分别与半径的极小和极大相对应。光谱型大致介于 B0 到 B2 之间，颜色随光度有微小的变化，光度极大时比光度极小时略蓝。大多数的光度级为Ⅲ～Ⅳ。在变星的赫罗图上位于主星序上方。许多仙王座 β 型变星是密近双星或聚星的子星，如角宿一、心宿一等。仙王座 β 本身就至少有 3 颗伴星。因此它们的脉动会受到伴星起潮力的影响。有不少这类变星的光变曲线和视向速度曲线表现出不稳定性，这可能是由伴星、自转或磁场等造成的。

船帆座 AI 型变星

船帆座 AI 型变星是光谱型为 A ～ F 型，在赫罗图上位于造父变星不稳定带内的超短周期脉动变星。船帆座 AI 型变星光变曲线形状与天琴座 RR 型变星相似，存在拍频周期。光变时色指数和光谱型均有变化，在双色图上构成一条封闭曲线。典型星为船帆座 AI，光变幅大于 0.3 星等，周期大致短于 0.3 天，过去认为绝对目视星等约 +4 等，大大暗于造父变星和天琴座 RR 型变星，故又称矮造父变星。有人认为从恒星演化的角度看，它们正处于白矮星前阶段；在经过红巨星阶段时，曾经损失大量物质，因此质量很小，可能与盾牌座 δ 型变星一起，构成一个连续过渡的星群。但另有人指出这两种类型变星的质量大约都在 2 太阳质量，区别仅在于脉动模式不同。

爆发变星

爆发变星是因星体本身的爆发亮度突然激烈增强的变星。星体在爆发之前是处于相对稳定或缓慢变化状态的。虽然一部分爆发变星有人称为灾变变星，其实，这种激烈变化对星体本身来说并不一定是"灾难性"的，有时只不过是处在由渐变到激变的转折阶段而已。

狭义的爆发变星通常包括：①新星；②再发新星；③矮新星；④类新星。有人称这几种变星为激变变星（CV）。①新星爆发非常猛烈，亮度会激增 9 星等以上，1975 年天鹅座新星 V1500（V1500 Cyg）的光变幅竟超过 19 星等。新星爆发时亮度增加非常快，通常以日计，但减光过程却慢得多，要以月计或年计。一般新星在其历史中只能被观测到一次爆发。②观测到一次以上爆发的新星通常称为再发新星，其爆发规模比新星小，光变幅也比新星小，而且两次爆发的时间间隔越短，光变幅就越小。③矮新星是一种爆发规模更小、爆发次数更为频繁的变星（有的隔几十天就爆发一次），其中包括双子座 U 型变星和鹿豹座 Z 型变星。④类新星的分光特征和光度变化类似于前三类，光变不规则，变幅为 3 星等左右。有些类新星可能是爆发后的老新星。爆发变星在宁静期的亮度有复杂的变化，变幅有的达几个星等。有一部分星有周期性光变——食相和时间尺度为分级或秒级的闪变。它们宁静期的分光特征大多是蓝连续谱上叠加着发射线，通常有氢线、氦线、钙线等。已能在很宽的波段（从射电到 X 射线）上对爆发变星进行观测。例如，1975 年从麒麟座新星（V616 Mon）和矮新星天鹅座 SS、双子座 U 等观测到 X 射线；从新星巨蛇座 FH、海豚座 HR、天鹅座 V1500 等观测到射电辐射。

20 世纪 50 年代发现 1934 年武仙座新星有食相，又发现再发新星北冕座 T、矮新星天鹅座 SS、类新星宝瓶座 AE 的规则性视向速度发生变化，由此证明它们是双星。到 20 世纪 70 年代为止，已发现 30 个左右这样的爆发变星。较流行的观点是用密近双星的原理来解释爆发变星的现象，认为两子星间的质量交流是复杂的光度变化、光谱变化的起因。但是这种理论还存在很多的矛盾和困难。有评论说，即使是最成功的理论，也不能粗略地模拟新星的光变曲线的外形，更不能用统一的模型去解释它们之间的差别。双星模型和非双星模型之争已持续多年。

爆发变星除了上述四种以外，还有超新星和耀星。①爆发规模超过新星的叫超新星。它爆发时亮度增强 17 星等以上（即光强增加千万倍至上亿倍），以后慢慢地下降。最著名的超新星是中国历史上记录的宋朝至和元年（1054）的超新星。②耀星（其中的一大类也叫鲸鱼座 UV 型变星）的亮度在几十秒或几十分钟内突然上升，亮度下降则稍慢一些，变幅从 1 星等到 10 星等。耀星大部分时间处于宁静期，是光谱为 K 型或 M 型的矮星。也有人把耀星及有关天体（如金牛座 T 型变星、赫比格-阿罗天体等）称为星云变星，因为它们常与星云成协。

广义的爆发变星还可以包括任何非几何原因的光度突然增强的变

星，例如某些金牛座 T 型变星，某些共生星等。

新 星

新星是在可见光波段第一次观测到的亮度在几天内突然剧增，增亮幅度多数在 9 ～ 15 星等，然后在几个月到若干年期间有起有伏地下降到爆发前状态的天体。新星属于激变变星（CV）的一种。按光变的原因属爆发变星。激变一词源自希腊文，意谓泛滥、灾难。激变变星与激变双星是同义词，因为这类变星都是双星。这类变星主要包括新星、再发新星、类新星、矮新星、磁激变变星。激变变星新星表列出 1323 颗的数据（2003）。

新星光谱随光变发生阶段性的变化，并以 100 ～ 5000 千米 / 秒的速度抛射物质。新星的全称是经典新星。新星平均增亮 11 个星等，就相当于增亮几万倍。新星是已演化到老年阶段的星。这种星爆发前通常甚暗，只在爆发后一段时期内才相当明亮，有的甚至亮到影响星座的形状，所以曾被误认为是新生的星而取名"新星"沿用至今。亮度突然增大是主星白矮星吸积物质由热核燃烧产生的一种爆发过程，能量释放平均达 10^{38} ～ 10^{39} 焦 / 秒，抛射的物质为 10^{-5} ～ 10^{-3} 太阳质量，抛射速度为 500 ～ 2000 千米 / 秒。新星按光度下降速度分为快新星、慢新星和非常慢新星三类。

◆ 新星命名法

通常是在新星的星座名称前面加 N，在后面加爆发年份，如 NHer1934 表示 1934 年武仙座新星。随后新星又纳入变星的命名系统，如 1934 年武仙座新星即武仙座 DQ。最早作光谱研究的新星是北冕座 T（1866），但后来知道它是再发新星。用照相方法研究的第一个新星是御夫座 T（1891）。有最完整光学观测资料的新星是武仙座 DQ（1934）。20 世纪以来，银河系内出现的新星最亮的是 1918 年天鹰座新星（天鹰座 V603），亮度极大时目视星等达 -1.1，一度成为仅次于天狼星的亮星。1975 年天鹅座新星（天鹅座 V1500，）是一颗很特殊的新星，亮度极大时目视星等为 1.8，接近天鹅座 α 的亮度。美国帕洛马山天文台的巡天照片上，在该新星位置处没有亮于 21 的星，表明该新星增亮幅度超过 19 个星等。1992 年在天鹅座发现第 1974 颗新星，命名为天鹅座 V1974。"银河新星参考图表"（1987）中收集了 1670 ～ 1986 年发现的 277 颗银河新星和有关恒星的资料；在 1997 年发表的激变变星表中列出新星 276 颗。由于银河系中新星太多，自古代起人类就有关于新星爆发的历史记载，中国古代有极丰富的新星观测记录。

在其他星系中也搜寻到新星。仙女星系（M31）中已发现包括亮红新星在内的 200 多个新星。M81、M33、大麦哲伦星系（LMC）、小麦哲伦星系（SMC）等不少星系中也找到了新星。不同的星系中新星出现的频数大不相同。据估计，银河系每年 50 个，M31 每年 29 个，有些星系每两年一个。一般说来以棒旋（SB）星系的频数为最高。

银河系新星的极大光度绝对目视星等估计平均为 -7.3。新星属于老年盘星族。在赫罗图上新星的热子星与行星状星云的中心星、共生星等占有同样的位置。它们都位于主星序的左下方，表明这些天体多半有共同的不稳定特性。

◆ 新星的光变和谱变

一般的新星都有典型的光变和谱变。典型光变各阶段分别为：①爆发前——光度固定或有 1～2 星等不规则的变化；②初升——为 2～3 天，光度迅速上升；③极大前的停滞——几小时到几天，甚至光度有些下降；④终升——1 天到几周；⑤亮度极大；⑥初降——快新星是平滑的，慢新星会有 1～2 星等的起伏；⑦过渡期——不同新星表现不同，有些是平滑下降，有些有起伏，有些亮度有一明显的极小然后又回升；⑧终降——比较平滑下降；⑨爆发后——与爆发前一样。不同新星的光变曲线形状不尽相同。所有新星都依次经历以下几个光谱阶段：爆发前谱、极大前谱、主谱、漫强谱、猎户谱、4640 漫发射、星云谱、爆发后谱。新星光谱中的发射谱线都很宽，吸收线紫移很大。爆发前谱呈高温的连续谱，不出现强的吸收线或发射线，极大前谱出现模糊的吸收线和一些弱发射线，谱线极宽。主谱在极大后立即出现，有显著的发射线。漫强谱中有 H、Ca II 等吸收线，视向速度比主谱更大。猎户谱显示出有更高的激发度，出现高电离电势的 He I、N II、O II 线，膨胀速度更大。当 N III 4640 达到最强时，称 4640 漫发射阶段。新星在出现 [O I]、[N II]、[O III] 等禁线时，便进入星云谱阶段，这时连续谱已完全消失。星云谱阶段很长，消失后就进入爆发后谱阶段。爆发后有些新星出现类似白矮星的宽吸收线，有些新星只有连续谱，许多新星有比较窄的 H、He II、C III 等发射线。射电、红外、紫外、X 射线波段和偏振等观测的开展，为新星的研究提供了重要的信息。有些新星在短于 200 纳米紫外区也已探测到辐射。通过对巨蛇座 FH（1970）的红外观测，得到随着可见光光度下降，某些红外波段光度反而上升，能谱的峰值逐渐向红外方向移动的结果。在爆发后的 104 天，红外星等达到 -4.0，成为全天最亮的红外星。在厘米与毫米波段都有接收到一些新星的射电辐射。在已找到有光学对应体的十多个 X 射线双星中，有两个被认为是老新星。直接照相显示出某些新星爆发后确有膨胀着的壳层存在，并且有赤道带和极冠的结构。相关研究已给出一系列兼为密近双星的新星并求出了轨道周期。

◆ **新星爆发原因**

20 世纪 50 年代以前多主张单星模型。1954 年发现新星武仙座 DQ 有交食周期，而周期很短（4 小时 39 分），推测新星大多甚至全部是密近双星。一般认为新星的一个子星是冷的红星，而另一个子星是热的、体积小得多的简并矮星。演化过程中，当冷星充满了临界等势面便发生质量交流，气流通过内拉格朗日点流向热星。这样便围绕热星形成一个吸积盘，其中小的热星可认为是白矮星，它是新星的爆发源。比较大的冷星抛射出的富氢物质，部分为白矮星所吸积。随着吸积过程的发展，在白矮星的表面形成一层富氢的气壳层，气壳层的底部将受到越来越大的压力，并被加热，一直达到氢燃烧反应所需要的点火温度，这时可能发生热核反应，导致星体爆发。另外，单个白矮星吸积星际物质而后发生新星现象的可能性，在理论上也是成立的。

再发新星、类新星和矮新星的光度、光谱变化与新星有某些类似。值得注意的是，从 1975 年起发现一类称为 X 射线新星的天体，它们的 X 射线光变曲线与经典新星光学波段的光变曲线类似。这类天体有时又称作暂现 X 射线源，但它们的光学对应体并不是新星。此外，又发现某些老新星是 X 射线双星的光学对应体。

再发新星

有的新星在第一次爆发之后，经过数年或数十年，又发生第二次、第三次甚至更多次的爆发，这种变星为再发新星，是爆发变星的一种。按一般分类法划分的再发新星已发现 12 颗。再发新星在银河系中的分布与新星相似，有向银心方向汇聚的趋向，同属于盘星族。再发新星爆发时的可见光波段变幅在 7～9 星等，一般都比新星的变幅（大于 9 星等）小，但爆发之前的光度通常比新星强，其绝对目视星等为 2～3 等，而新星为 4～5 等。再发新星在每次爆发中抛向星际空间的物质约为 10^{-6} 太阳质量，比新星的质量损失小。再发新星的爆发活动也和新星一样，发生在一个热简并矮星的深层大气内，通过吸积过程在其周围形成一个富氢气壳，由吸积能和收缩能的累积使气壳中的温度逐渐升高，最后达到点燃热核反应所需的温度，在很短的时间内发生剧烈的核聚变，以热核逃逸的方式释放出 10^{36}～10^{38} 焦的能量，因而光度剧增。然后，外层气壳被抛向星际空间，内层大气收缩，光度逐渐降低，使整个新星重新又处于相对稳定的状态。通过监视观测可知，老新星和再发新星当光度降到极小时，也并不宁静，像北冕座 T、蛇夫座 RS 等，都不时有较小规模的爆发活动。对一批再发新星的测光、光谱和轨道数据的分析表明，它们都可能各包含一颗巨星。光度极小时，再发新星的目视光度主要由其中的巨星决定，而新星的目视光度主要由其中的吸积盘决定，矮新星则由其中的热斑决定。光度极小时，再发新星的绝对目视星等为最亮，新星次之，矮新星最暗。据初步研究，质量转移率也可能以再发新星为最大，新星次之，矮新星最小。这些情况似能反映再发新星和新星之间存在的较大区别。

矮新星

矮新星是新星中一类爆发规模较小、频次较高的爆发变星。矮新星在许多方面同新星和再发新星类似。矮新星准周期地爆发，光度陡然增亮，又慢慢变暗。不过光度变幅较小，一般不超过 6 个星等。爆发平均周期较短，10～200 天不等。有两类矮新星：①双子座 U 型星或天鹅座 SS 型星，已发现 250 个以上；②鹿豹座 Z 型星，已发现 30 个以上，它们的变幅比双子座 U 型星小，平均 2～3 个星等，周期更短（10～20 天）。统计研究表明，矮新星的平均变幅 Δm_v 和平均爆发周期 P 之间存在如下关系：$\Delta m_v = 0.4 + 1.85 \lg P$（$P$ 以天计）。这一关系也适合于再发新星，历史上曾用它预报了北冕座 T 星的再发。许多矮新星也是双星，是由一颗黄矮星或红矮星和一颗白矮星或蓝亚矮星组成的密近双星系统，轨道周期约几小时。冷星充满临界等位面，通过内拉格朗日点将物质抛向热矮星，形成吸积盘和热斑。对双子座 U 的观测表明，爆发时随着亮度的增加，由食引起的变光深度越来越浅，食的开始时间越来越早，持续时间越来越长。光度极小时（正常阶段），矮新星光谱是连续谱加上强而宽的 H、He 和 Ca II 的发射带，并有氢的连续发射。光度极大时，强发射带消失，基本上是早型（B、A 型）的纯连续谱，色温度比光度极小时明显增高。根据综合光谱和光度资料，可以认为矮新星爆发的主要原因是冷星的变热，而冷星体积的变大和热星吸积盘的变亮则是次要原因。这同新星的爆发是由于壳层抛射，因而有效光球面积增大致使光度突增是不一样的。至于冷星表面温度突然增高，很可能是因为它的物质抛射率突然增加，外层大气很快脱离冷星而露出了温度较高的内层所造成的。有人认为矮新星是大熊座 W 型密近双星演化的产物，但对此争议很大。特短周期矮新星的引力波问题是一个较新的研究课题。

类新星

类新星是类似新星的爆发变星。类新星爆发的次数比较频繁，数年爆发一次。光变幅比新星和再发新星小，周期性不强。最突出的特点是光谱特殊。

一部分类新星变星是爆发后的老新星，它们不时地爆发，抛射物质，形成气壳。例如，天鹅座 P 是 1600 年爆发的新星，近 400 年来，星周形成二、三层气壳，是处在短暂的、极不稳定的演化阶段的超巨星。人马座 BS 是 1917 年爆发的新星，爆发后激变活动不止，光谱特殊。另一部分类新星变星具有共生光谱，也称为共生星，既有冷星的吸收特征，又有热星的连续发射，还有气壳的高激发发射线。已知的类新星变星虽然只有几十个，但彼此差异很大。尽管类新星具有类似新星的激变这种共性，但它们的本原可能大不相同。20 世纪 70 年代以来，有人划分出 5 个类新星次群：①仙女座 Z 型星。由沉陷在激发态星云中的晚型巨星和热蓝星组成的双星系统。光谱特征是低温吸收线和高温发射线同时并存。前者如 TiO、Ca I、Ca II，后者如 He II、O III 以及元素的更高次电离谱线。这种星具有半周期性的爆发，变幅可达 3 星等。绝对星等为 -3 ～ -4。集聚在银道面附近，没有向银心聚集的趋势，可能属老年盘星族。已经发现 20 多对。②剑鱼座 S 型星。光变极不规则的高光度星。光谱型为 Bpeq ～ Fpeq，是银河系中最亮的星中的一部分。已经发现约 10 颗。③仙后座 γ 型星。光变不规则的气壳星。光谱型为 Be III～ Be V。通常是快速自转星，光变往往与赤道带的气壳抛射过程有关。已经发现 40 多颗。④鲸鱼座 ZZ 型星。短周期光变的白矮星，可能是老新星，有以分钟计的快速变光，通常有几个光变周期叠加在光变曲线上。仅发现数颗。⑤武仙座 AM 型星。强磁性白矮星和红矮星组成的密近双星系统，有气盘和强 X 射线辐射。光谱特征是 H、He 发射线叠加在蓝连续区上。已发现约 10 对。此外，不同学者对类新星还有不同的定义和划分方法。

星云变星

　　星云变星是出现在各种亮的或暗的弥漫星云之中或其附近，并同星云有物理联系的变星。星云变星可分为五类：御夫座 RW 型变星，猎户座 T 型变星，金牛座 T 型变星，某些耀星，特殊星云变星。这种分类主要根据光变曲线性状，但也参考光谱特征。

　　星云变星有成集团出现的倾向，不仅本身成群，而且往往几类星云变星聚集在一起。星云变星的光变是不规则的，光谱型和光度级范围较宽。猎户座 T 型变星的光谱型范围最宽，从早 B 型到晚 K 型都有，但以早型较多。御夫座 RW 型变星大部分是 G 型到 K 型，但也有少量具有较早的光谱型。金牛座 T 型变星全部都是从 G 型到 K 型、M 型，而耀星则更晚，绝大多数都是 K 型、M 型。猎户座 T 型变星大部分是温度较高的巨星。御夫座 RW 型变星除少数是巨星外，多数是矮星。金牛座 T 型变星和耀星都是矮星。它们的光谱，有的是带发射线的早型恒星光谱，有的是金牛座 T 型和类金牛座 T 型光谱，有的没有发射线。金牛座 T 型变星和弥漫星云及年轻星团有密切的物理联系，都有较高的锂丰度。在赫罗图上，它们都位于同样光谱型的主星序上方。它们可能都是年轻的主星序前天体，或多或少还保留有残存的原恒星气壳，正处在引力收缩阶段。

多数天文学家认为恒星起源于星际物质云。所以，对于星云变星进行系统的观测和分析研究，对探讨恒星的形成和演化有重要意义。

北冕座 R 型变星

北冕座 R 型变星是亮度有时突然减弱 1 ～ 9 星等的不规则变星。典型星是北冕座 R，已确定的和可能的对象约 40 颗。它们的光变持续时间由几十天到几百天不等，上升缓慢而且间有不规则的或锯齿波式的起伏。两次减光的间隔有的很短，有的则长达十年以上。在这期间还存在为期数十天、变幅 0.5 星等左右的半规则光变。一般认为变光是由恒星自身抛出的含碳特多的气壳冷凝成烟尘使透明度急剧下降造成的。后来观测到它们有很大的红外色余，更支持了这种看法。因此有人认为，过去因为变光急剧而把它们归属于爆发变星是不恰当的。但也有人认为，如果这种变星是由于爆发性地喷射物质造成挡光而变暗，则仍可归入爆发变星，不过它们与急剧变亮的爆发变星是很不相同的。

北冕座 R 型变星大多数的光谱型为 F ～ K 和 R，但也有少量的是 O 型或 B 型；极大亮度时的绝对星等还很难确定，但似乎是 -4 ～ -5 等的巨星或超巨星；空间分布属星族 I；正常时期的光谱为具有 H、K、D 及氦 3889 等发射线的宽发射线光谱；没有巴耳末发射线和 CH 的吸收带或发射带，得知其大气中明显缺氢；变暗时也出现各种轻金属和氰化合物的发射线，说明其大气中含有丰富的碳、氮和轻金属。

磁变星

磁变星一般指磁场很强（可达 3 万多高斯）且有变化的恒星。1946 年美国威尔逊山天文台的天文学家发现了第一颗磁变星，即室女座 78。此后共发现 100 多颗的磁变星。磁变星大多为 A 型特殊星，某些金属元素的吸收线特别强。有时还根据这类星的最强金属线命名为锰星、锶星等。它们所含的稀土族元素或更重的化学元素要比一般恒星多。光度和光谱有周期性或完全不规则的变化。这同磁场的周期性变化或非周期性变化有关。例如猎犬座 α^2（中名常陈一）的磁场周期性地从 -1420 高斯变到 +1620 高斯，光度和光谱都有相应的周期性变化。又例如，鹿豹座 53 的磁场在 7.8 天的周期内从 -4000 高斯变到 +4000 高斯，光度和光谱也都有变化。磁变星的自转要比正常 A 型星慢。磁变星不仅包括 A 型特殊星，还包括天琴座 RR、飞马座 AG 等其他类型的星。著名的老人星也是一颗磁变星。关于仙王座 VV 的磁场问题还有争议。一般认为，磁星的磁场本身是稳定的，但磁轴和自转轴的方向不一致，所以就观测者看来，磁场就会有周期性的变化。

光谱变星

光谱变星是在可见光波段的光度变化不大但谱线强度有明显的周期性变化的恒星。许多 A 型特殊星（AP）和金属线星（Am）都是光谱变星。最早发现的光谱变星是猎犬座 α^2 星，因此，光谱变星又称为猎犬座 α^2 型变星。它们的光谱中有异常强的金属线和稀土族元素谱线，谱线强度随着光度的变化而变化，光变周期范围 1 ～ 25 天，变幅通常不超过 0.1 星等（如猎犬座 α^2 的光电目视星等最亮时为 2.85，最暗时为 2.92）。另有周期更短（0.5 ～ 2 小时）和变幅更小的二级变化叠加在主周期上。此外，光度与光谱也存在长期性的缓慢变化。这些光度和颜色方面的较小变化看来同磁场强度有关。观测表明，它们具有数量级达 10^3 ～ 10^4 高斯（1 高斯 =10^{-4} 特）的强表面磁场，磁场强度的变化周期往往与光度变化的周期相同而位相相反。跟同一谱型的正常星相比，它们的自转速度较低。一般采用斜转子模型、磁振子模型或双星模型来解释光谱变星的各种现象。B 型星中也存在光谱变星，氦星 HD125823 即是一例。

应该指出，各类变星普遍存在光谱变化。而光度变化微小，光谱变化明显的也不限于上述的恒星，如英仙座 S3 是 B 型谱线轮廓变星，武仙座 l 和 o 型星蝎虎座 10 也都是光度变化微小或难以测出而谱线轮廓有周期变化的恒星，又如大角也是光谱变星。

第7章
星云

　　星云是太阳系以外天空中由气体和尘埃组成的一切非恒星的云雾状天体。一些较近的星系，外观像星云，18世纪以来也称为星云。1924年底解决了宇宙岛（历史上对星系的一种称呼）之争以后，才把二者分开。位于银河系内的称为银河星云，银河系以外的星云称为河外星系或星系。按形状、大小和物理性质，银河星云可分为：广袤稀薄而无定形的弥漫星云，亮环中央具有高温核心星的行星状星云，以及尚在不断地向四周扩散的超新星剩余物质云。就发光性质，银河星云又可分为：被中心或附近的高温照明星（早于B1型的）激发发光的发射星云，因反射和散射低温照明星（晚于B1型）的辐射而发光的反射星云，以及部分或全部挡住背景恒星的暗星云。前两种统称为亮星云。反射星云同暗星云的区别，仅仅是在于照明星、星云和观测

柱状星云

者三者相对位置的不同。

◆ 光度和光谱

用肉眼只能看到一个猎户星云，说明一般星云都是十分暗弱的。在《梅西耶星表》（M 星表）的 103 个有一定视面积的天体中，只有 11 个是真正的星云。就是在 1888 ～ 1910 年陆续刊布的《星团星云新总表》（NGC 星表）及其补编（IC）中的 13226 个有一定视面积的天体中，也只有一小部分是真正的星云。在大口径望远镜，尤其是大视场强光力的施密特望远镜出现后，才开始对星云进行有效的观测研究。气体星云光谱中除氢、氮等复合线外，还有很强的氧、氮等的禁线，如 [O Ⅲ] $\lambda\lambda$4959、5007，[N Ⅱ]$\lambda\lambda$6548、6583 和 [O Ⅱ]$\lambda\lambda$3726、3729 等，几乎在所有气体星云的光谱中都可看到。气体星云的光谱中同时存在一个较弱的连续背景，它一部分来自星云内尘埃物质对星光的散射，其强度随星云中尘埃含量而增减；另一部分来自电子的自由 - 自由跃迁和自由 - 束缚跃迁。此外，若干星云中还出现被照明星辐射加热到 100℃ 左右的尘埃粒子所发射的红外连续光谱。

◆ 气体星云中的电离球

热星对气体星云的激发电离有一个范围。1939 年丹麦天文学家 B.G.D. 斯特龙根确定了电离氢云的半径同恒星温度和星云中粒子数密度之间的关系。从这个电离氢云到周围中性氢云的过渡是急促的，过渡区的厚度只有千分之一秒差距，所以电离氢云都有一个很清晰的边界。由于星云中气体和尘埃分布不均匀，加上位于星云前面的吸收物质分布不规则，实际观测到的电离氢云的边界往往是参差不齐的。

◆ **星云的演变**

一般认为行星状星云是由激发它的中心星抛射出来的，将会逐渐消失；新星和超新星爆发所抛出的云也在很快地膨胀而逐渐消失。它们都是恒星演化过程中的产物，也是恒星逐渐变为星际物质的过程。在照明星晚于 B1 型的一些弥漫星云中，一个暗星云可能是和运动着的恒星偶然相遇而被照亮，恒星离开之后重又变暗。已观测到这些星云与它们的照明星的视向速度是不相同的，因而二者之间没有演化上的联系。还有一些发射星云内部包含若干早于 B1 型的热星，它们常常组合成聚星、银河星团或星协（如 O 星协）。这些星云和年轻恒星一起分布在银河系旋臂中。因此，一般认为这些星云中的热星群可能是不久前才从这些星云中诞生的。

◆ **成分**

银河星云中的物质都是由气体和尘埃微粒组成的。不同星云中的气体和尘埃的含量略有不同。发射星云中的尘埃少些，一般小于 1%；暗星云中则多一些。星云中物质密度常常十分稀薄，一般为每立方厘米几十到几千个原子（或离子）。星云的体积一般比太阳系大许多倍，虽然密度很小，总质量却常常很大。星云物质的主要成分是氢，其次是氦，此外还含有一定比例的碳、氧、氟等非金属元素和镁、钾、钠、钙、铁等金属元素。后来还发现有 OH、CO 和 CH_4 等有机分子。星云中各种元素的含量与宇宙丰度是一致的。在其他星系中也有很多气体星云。

气体星云

　　气体星云是银河星云中主要由气体组成的亮星云，包括行星状星云和发射星云等。在 20 世纪 60 年代，对行星状星云进行红外观测，发现在这些一向被认为是完全由气体组成的星云中，也存在着相当数量的尘埃物质。经过进一步的研究表明，这些尘埃物质和气体一样，都是在星云形成的初期就已经存在的。在气体星云中，有不可忽视的尘埃微粒，只是比其他星云稀少一些。银河系中的弥漫气体星云，大部分集中在银道面附近，平均银纬约 2°。它们的质量，从太阳质量的几分之一到几千倍，但大部分为太阳质量的十倍左右。气体星云都具有发射光谱如鹰状星云。弥漫气体星云照明星的温度一般低于行星状星云中心星的温度，所以弥漫气体星云的激发度也低于行星状星云。光谱中最强的谱线是氢的巴耳末（Hα）线和一次电离氧（O Ⅱ）的禁线。由于红光的穿透力较强，所以弥漫气体星云光谱中氢原子的 Hα 线很强。因此对暗弱星云的照相观测，一般都采用只透过强发射线（如 Hα）的窄带滤光片和红敏底片进行长时间露光。很多暗弱的电离氢区都是采用这种方法发现的。最亮的气体星云是猎户星云（M42）；最大的气体星

一个典型气体星云——鹰状星云（M16）
发射星云

云是南天的古姆星云，它的
角直径为 30°；最美丽的气体
星云是天鹅座的网状星云。
在许多河外星系中，特别是
在旋涡星系的旋臂中，也观
测到有大量的气体星云。

发射星云是受附近高温
恒星的紫外辐射激发而发光
的亮星云，其光谱中包含发

一个典型发射星云——北美洲星云

射线，是气体星云的一种，又称弥漫发射星云。发射星云形状大都很不
规则，而且往往没有明晰的边界，如北美洲星云，所以又称弥漫发射星
云。在这些星云中间通常都有一个或一团光谱型早于 B1 的高温恒星。
这些热星的丰富的紫外辐射使星云内的气体激发，从而产生光致电离而
形成星云的发射光谱，所以称为发射星云。英国天文学家 W. 哈根斯在
19 世纪 60 年代最先开始研究发射星云的光谱。他指出这类星云是由炽
热的气体组成的，它们的光能量主要集中在一些发射线中。在这些发射
线中，有一些是氢和氦的复合线，如红区的 Hα、蓝区的 Hβ 和 Hγ，以
及常在某些高激发云中出现的一次电离氦线 λ4686 等；另外一些很强的
发射线是某些元素离子的禁线，如二次电离氧的绿线 λ4959、λ5007，
一次电离氮的红线 λ6548、λ6583，以及一次电离氧的紫外双线 λ3726、
λ3729 等，都是在发射星云光谱中经常出现的。在发射星云的光谱中，
也有一个由原子发射和尘埃反射形成的很弱的连续光谱。

在发射星云中除大量炽热气体外，也包含少量尘埃物质。星云中的物质密度，从暗星云中的每立方厘米十几个原子到较亮星云中的几百个、上万个原子。它们的电子温度一般在 1 万摄氏度左右。银河系中的发射星云大都分布在银道面附近和旋臂上，和一些年轻恒星群（如 O 星协）的分布一致。所以在发射星云和激发星之间，除能量供需关系外还存在着演化上的关系。随着射电天文观测的进展，发现很多亮星云位于一个更大的暗星云之中，如人马座大星云就包含有礁湖星云（M8）、鹰状星云（M16）、ω星云（M17）和三叶星云（M20）。它们很可能就是恒星诞生的地方。

蟹状星云

蟹状星云是金牛座的一团无定形的膨胀气体云。星表中的编号为 M1 和 NGC1952。标准历元 J2000 为赤经 $05^h34^m31.94^s$，赤纬 $+22°00'52.2''$。角径为 $7'×4'$，视亮度相当于 9 等星。按传统的形态分类，蟹状星云被划为行星状星云，但本质上与典型的行星状星云完全不同。它已被证认为超新星遗迹。蟹状星云产生于 1054 年 7 月 4 日一次剧烈的超新星（即 SN1054）爆发。当时中国、印度、阿拉伯和日本的占星术士们都记录了这一天文现象。中国史书《宋会要》载："至和元年五月晨出东方，守天关，昼见如太白，芒角四出，色赤白，凡见二十三日。"这是北宋钦天监对 1054 年 7 月出现的特亮超新星（天关客星）事件的观测记载。这个超新星爆发时亮度超过金星，近人称之为中国新星。它的遗迹（爆发过程中抛射的气体云）就是现在看到的蟹状星云。

1731 年，英国天文爱好者 J. 比维斯首次用小型望远镜发现了这个朦胧的椭圆形雾斑。1771 年刊布的《梅西耶星表》，把它列为第一号天体：M1。在《星云星团新总表》中的编号是 NGC1952。1844 年英国罗斯伯爵三世威廉·帕森斯用他自制的大型反射望远镜观察到星云的纤维状结构。他根据目视观察的印象，把星云描绘成蟹钳状，因而名为蟹状星云，并沿用至今。1921 年美国 L.C. 邓肯对比两批相隔 12 年的照片，确认该星云仍在膨胀。1942 年荷兰的 J.H. 奥尔特推论蟹状星云是 900 年前爆发事件的产物，从而把今日的蟹状星云和 1054 年观察到的超新星证认为一。

蟹状星云的可见光是强偏振化的，是快速电子在磁场中运动而产生的同步加速辐射。偏振光的分析研究表明，纤维状结构的走向是平行于磁力线的。可见光谱中有发射线，除中性氢和电离氦线外，还有很强的禁线。蟹状星云是天上最强的射电源之一——金牛座 A（即 3C144）。该源周期地为月亮所掩，并且每逢六月被日冕掠掩，因此我们能精确地测定它的方位、大小和波谱特征，确切地证认出它的光学对应体即是超新星遗迹。蟹状星云还是强红外源、紫外源、X 射线源和 γ 射线源。它的总辐射光度的量级为 10^{38} 尔格 / 秒，比太阳强几万倍。

1968 年发现该星云中的射电脉冲星 NP0532。

行星状星云

行星状星云是中心有一向白矮星过渡的热星，且由稀薄电离气体组成有明晰边缘的小圆面状星云。星云为该中心星所抛出，正向外膨胀，并由中心星的紫外辐射照射而发光。行星状星云是发射星云的一种。在望远镜中大都具有像天王星或海王星那样的略带绿色而有明晰边缘的小圆面。因此，F.W.赫歇尔在1779年发现这类天体后称它们为行星状星云。初看起来行星状星云具有较规则、较对称的圆盘形状，中心有一个很小的核心——温度很高的中心星。但用大望远镜拍得的照片却显示出非常复杂的纤维、斑点、气流和小弧等结构。行星状星云大都比较暗，只能用望远镜进行观测和证认，所以到1940年只发现了130多个。后来使用大口径施密特望远镜，另加物端棱镜按其光谱特征来证认，并配合参考《帕洛马天图》，到1977年已发现1237个。一部分星云的角直径小于望远镜的分辨率，在底片上很难与恒星区别，因而它们也有恒星状星云之称。此外，由于行星状星云分布在银道面附近，受到严重的星际消光影响，所以大量的行星状星云被暗星云掩蔽而难以观测。根据太阳附近的空间密度（每千立方秒差距30～50个），估计整个银河系中应有行星状星云4万～5万个。可见，已经观测到的只是其中很小的一部分。行星状星云不仅集聚在银道面附近，而且运动特性与蒭藁增二型长周期变星相似（在一个很扁的轨道上绕银心转动），所以是盘星族中的一个重要组成部分。

宝瓶座行星状星云（NGC7293）

行星状星云的光谱很像弥漫气体星云的光谱，但由于前者的中心星比后者的照明星具有高得多的温度，所以激发度也高得多。在微弱的连续背景上重叠着一批强发射线。二次电离氧的禁线（λ5007、λ4959）是行星状星云光谱中最强的发射线。1864年 W. 哈根斯对天龙座行星状星云 NGC6543 进行分光观测时，发现了许多很强的亮线，大部分被证认为氢线，有几条未能证认，认为这些是一种氦元素的谱线。1927年 I.S. 鲍恩才成功地说明哈根斯发现的"氦"线是二次电离氧的禁线。

行星状星云的质量在 0.1 ～ 1.0 太阳质量，星云中的密度在 100 ～ 10000 个原子（离子）/ 厘米^3。行星状星云的中心星都是温度很高（≥ 30000K）的，它们的辐射集中在光谱的紫外和远紫外区，加上星云的"覆盖"，所以在地面只观测到 200 个左右的中心星。行星状星云的能量来自中心星，星云吸收它发出的强紫外辐射通过级联跃迁过程转化为可见光。在抛出星云后中心星迅速收缩，光度和温度迅速上升。当光度接近两万倍太阳光度时，因收缩而得的重力势能辐射殆尽，光度和温度又迅速下降，恒星很快地过渡到白矮星阶段而濒于死亡，周围的星云气体也已完全稀薄暗淡而消失于视野中，所以行星状星云的出现象征着恒星已到晚年。据估计，行星状星云的平均寿命为 3 万年左右。假定银河系中行星状星云的数量是动态平衡的，则由星云的寿命和现存的个数可推算出来，在银河系存在期间（10^9 ～ 10^{10} 年）将会有近 10^9 ～ 10^{10} 个恒星经历过行星状星云阶段，因此行星状星云很可能是一种普遍存在的天体。银河系中的大部分恒星很可能都将经过行星状星云阶段而"死亡"。在其他星系中也发现了不少行星状星云。例如仙女星系（M31）中有 8000±1500 多个，大麦哲伦云中约有 400 个，小麦哲伦云中有 200 多个。

反射星云

反射星云是反射附近亮星的光而发亮的亮星云，光谱中包含恒星的吸收线。反射星云大都具有很不规则的形状。1912 年美国洛韦尔天文台的 V.M. 斯里弗发现位于昴星团周围的星云具有吸收光谱的特征，即许多吸收谱线重叠于一个连续光谱之上。对这些光谱的进一步研究，发现它们同那些位于星云内并照亮星云的恒星的光谱很相似。后来在其他一些星云的光谱中也发现有类似现象。了解到这种星云是因为散射和反射附近恒星的光而发亮的，所以称为反射星云。一个星云究竟是发射星云、反射星云还是暗星云，这同它本身的物质性质关系不大，而同它在银河系中的位置和照明星的温度直接有关。观测事实说明，这三种星云的物质组成没有明显的不同。有些星云（如北美洲星云 NGC7000）同时具有发射星云的明线光谱和反射星云的吸收光谱，成为混合型星云。

仙王座鸢尾花星云

反射星云的平均密度约为 $6×10^{-23}$ 克 / 厘米^3，它们的平均银纬约为 9°，离银道面比发射星云略远。反射星云的照明星的光谱型通常晚于 B2 型。著名的反射星云有昴星团星云（NGC1432）、仙王座鸢尾花星云（NGC7023）和茧状星云（IC5146）等。

暗星云

　　暗星云是银河系中不发光的弥漫物质所形成的云雾状天体，又称暗云。如果气体尘埃星云附近没有恒星，则星云将是暗的，即为暗星云。简称暗云。它们的形状和大小是多种多样的。小的只有太阳质量的百分之几到千分之几，是出现在一些亮星云背景上的球状体；大的有几十到几百个太阳的质量，有的甚至更大。它们内部的物质密度也相差悬殊。F.W. 赫歇尔（Friedrich Wilhelm Herschel ，1738-11-15 ～ 1822-8-25）及其儿子于 1784 年首次注意到明亮的银河中有一些黑斑和暗条。后来的照相研究表明，这种现象是由于一些位于恒星前面的不发光的弥漫物质造成的。这种暗区在银河系中很多，最明显的是天鹅座的暗区，银河被分割成为向南延伸的两个分支。有些暗星云和亮星云在一起，如位于猎户ζ南面的有名的马头星云，它是一个很大的暗星云的一部分，"马头"四周的光芒是从亮星云发出的。蛇夫座 S 状暗星云和烟斗星云也是不透明的暗星云。但在云层较薄时，仍可看到一些光度被大大减弱了的恒星，所以在这个天区所看到的星体，就比没有暗星云的天区稀疏得多。

　　在不少亮弥漫星云背景上发现了一些圆形的暗斑。这些暗斑是物质密度较高的天体，它们是很小的暗星云，由于呈球形，称为球状体。1947 年，荷兰天文学家 B.J. 博克最先讨论了这些"小暗星云"。他在太阳系外大约 1600 光年范围内发现了 200 个左右这样的暗天体，最好的样本在金牛座和蛇夫座。这样的暗天体在光学上显得极厚，消光能力可达 30 星等。这些小暗星云标志着新生恒星的诞生地。后来天文学界接受了这些天体代表恒星演化过程中一个特殊阶段的观点。球状体的直径小于 1 秒差距（1 秒差距等于 3.2616 光年），质量估计为 $10^{-1} \sim 10^{2} M_{\odot}$。许多球状体的中央包含红外源，很可能是正在收缩并将形成恒星的天体。

暗星云本身不发光，利用光学方法进行研究就受到很大限制。射电天文方法为暗星云的研究提供了有力的工具，这主要是由于暗星云有各种射电辐射。尤其是它们发射的中性氢 21 厘米谱线，使人们能够更深入地研究大量处于低温状态的暗星云的大小、结构和组成，从而为研究银河系结构和运动提供重要的资料。紫外线和 X 射线由于不能穿入，暗星云中央得不到加热，典型暗星云中的温度很低，为 5 ~ 10K。此外，暗星云所在天区发现许多有机分子，因此有些暗星云又称星际分子云。通过毫米波观测，发现在一氧化碳暗星云中存在一些温度较高（15 ~ 50K）的"热点"，这些热点还有较强的红外辐射。通过红外观测还发现一些包围在暗星云中的能量集中在 2 ~ 20 微米波段的红外源，其中一些较亮的红外源还和暗星云中的微波源有关。观测还发现，一些年轻的天体如赫比格发射星（年龄 $10^{5} \sim 10^{6}$ 年）、赫比格－阿罗天体等直接与暗星

马头星云

云有密切的关系。这些暗星云的直径约为 10 秒差距，平均原子数密度约为每立方厘米 5×10^3 个，平均温度约为 10K。演化过程中由于某种辐射（如毫米波）损失使内能减少，导致内压力小于本身重力而发生坍缩。坍缩过程中某些团块在重力作用下形成一系列密集点，这些可能就是形成恒星或星群的原始胚胎。根据恒星诞生率和银河系中暗星云的总质量对比来看，只有很少一部分物质（1‰～ 1%）形成恒星。

本书编著者名单

编著者 （按姓氏笔画排列）

万　籁	尹济生	朱俐颖	刘学富
刘宗礼	孙益礼	李　峰	李　竞
李宗伟	何金华	何香涛	邹振隆
沈良照	初毓桦	张先飞	张钱生
张曾华	杭恒荣	罗杨平	孟祥存
郝象樑	钱伯辰	徐仁新	高为是
郭建恒	黄　磷	黄永伟	黄克谅
龚树模	阎林山	蒋世仰	蔡贤德
翟迪生	戴智斌		